EPLAN
高效工程精粹官方教程

覃　政　吴爱国　张　俊　**主编**

文礼强　王　阳　赖怡利　张福辉　刘文龙　李元庆　**参编**

陈新忠　张　旭　杨培志　孙　欢　房　乾　周楚然

U0218768

机械工业出版社

本书从工程设计理念的角度出发，简单明了地描述了 EPLAN 平台面向工程设计和管理的主要"落地"产品。这些产品涉及机电仪、线束和盘柜设计，是 EPLAN 跨专业设计平台的基石。为了提高效率，阐述了实现工程设计自动化和生产制造自动化的方法，进而达到机电一体化设计的理想目标。书中概括了 EPLAN 与 PDM/PLM/ERP 的集成，为工程设计深植于企业内部的流程指明了方向。

本书语言简练，概念术语清晰。各章节简单明了，链接富有逻辑。本书可以作为广大工程技术人员了解当今工程设计理念和技术发展趋势用书。

图书在版编目（CIP）数据

EPLAN 高效工程精粹官方教程/覃政，吴爱国，张俊主编．—北京：机械工业出版社，2019.3（2022.9 重印）
ISBN 978-7-111-62283-3

Ⅰ．①E…　Ⅱ．①覃…②吴…③张…　Ⅲ．①电气设备 – 计算机辅助设计 – 应用软件 – 教材　Ⅳ．①TM02-39

中国版本图书馆 CIP 数据核字（2019）第 050731 号

机械工业出版社（北京市百万庄大街 22 号　邮政编码 100037）
策划编辑：王　康　责任编辑：王　康　于苏华
责任校对：梁　静　封面设计：马精明
责任印制：郜　敏
北京富资园科技发展有限公司印刷
2022 年 9 月第 1 版第 4 次印刷
169mm×239mm · 15.75 印张 · 306 千字
标准书号：ISBN 978-7-111-62283-3
定价：55.00 元

凡购本书，如有缺页、倒页、脱页，由本社发行部调换
电话服务　　　　　　　　　　网络服务
服务咨询热线：010-8861066　机工官网：www.cmpbook.com
读者购书热线：010-68326294　机工官博：weibo.com/cmp1952
　　　　　　　　　　　　　　教育服务网：www.cmpedu.com
封面无防伪标均为盗版　　　　金书网：www.golden-book.com

序

当今社会正在从工业3.0走向工业4.0，制造业企业都在探索与实践通过数字化技术、先进的工艺与装备技术提高产品研制的效率，以实现在设计制造过程中 CAX（CAD、CAM、CAE、CAPP等）一体化及与后端的 CNC、CMM 的集成；实现在生产系统管理中 ERP、SRM、CRM、MBOM、MES 等的集成应用；实现在产品全生命周期过程中 PDM、PLM 的一体化。这就要求企业必须从传统的学科独立、数据不相关、串行研发方式过渡到全面机电一体化的研发模式。

机电一体化设计过程是指基于单一的产品和过程知识源，为机械、电气/自动化、软件和电气互联技术的关联开发提供完整的协同环境。数字化企业平台在通用框架内为各个工程领域建立通用数据模型。各个开发团队可以将精力放在自己的专业领域，同时在相关环境中合作以实现整体开发目标。机电一体化系统工程的实现需要在功能上解决快速响应客户需求，机械、电气、软件/控制跨学科交叉，跨信息化平台集成，全生命周期协同，建立硬件与软件的边界互联等问题，在实施部署上要以构建企业数字化生态为蓝图，这才是在短期能够改进企业研发效率，在长期能够支撑企业智能制造战略的卓有远见的企业信息化系统建设方案。

因此，企业在构建机电一体化系统工程研发平台时，通用研发数字化模型的构建显得尤其重要，其理论基础源于基于模型的系统工程（MBSE）。机电一体化系统越来越复杂，不同学科、不同领域之间相互交叉、相互融合，任务系统的设计与集成、验证与确认也面临着沟通、效率、周期、成本等诸多挑战。基于 MBSE 的机电一体化系统工程研发体系构建从概念设计阶段开始，贯穿整个开发过程及后续的生命周期阶段。结合 MBSE"双 V"流程模型，驱动仿真、产品设计、实现、测试、综合、验证和确认环节，目的是打通系统不同组件、不同学科之间的联系，提高设计的准确性，构建能复用的知识系统，实现系统设计的集成，从而能够更容易地构建满足用户要求的机电一体化产品。

EPLANSolution 这一基于 MBSE 的机电一体化系统工程解决方案会指导用户如何建立起基于 MBSE 的机电一体化工程设计。

首先，构建统一的主数据系统。在 EPLAN 工程设计元器件库中已经包含了超过 100 万种电子元器件数据，几乎包含了全球所有主流的电子元器件厂商的工程元器件模型数据，这些数据除了图纸之外，还包含生产、安装、制造等信息，用户在设计过程中可随意调用，极大地提高了机电一体化的设计效率。

其次，在企业完成基于模型的工程数据定义过程中，EPLAN 提供了一系列的设计工具和方法帮助企业高效工作，比如预设计、流体与电气原理图设计、PLC 数据交互、二维/三维线束设计、生产制造以及运行调试和维护、机电软跨学科协同、面向订单的快速配置设计、协同与信息交互云平台等。

此外，EPLAN Experience 的机电一体化系统工程实施方法论指导用户从 IT 架构、平台设置、标准规范、产品结构、设计方法、工作流程、过程整合、基于 PRINCE2 的项目管理这八个方面来确保项目成功实施。

本套 EPLAN 系列教程由 EPLAN 国内专业服务团队倾心编撰。本套教程编写过程基于德国最先进的机电一体化设计方法论，吸纳全球 EPLAN 客户和合作伙伴成功的实践经验，结合作者团队逾十年服务于中国市场客户的经验，旨在帮助国内从事机电一体化相关研发设计工作的读者系统学习基于 EPLAN 的机电一体化设计技术。

相信本套教程将帮助国内的广大读者重新正确认识机电一体化系统工程技术，帮助制造业企业从战略和战术上全面武装研发团队，从而更好地"智能"研发与"创新"，让企业发展和产业发展再攀新高。

黄 培

e-works 数字化企业网总编、CEO

前　言

EPLAN 是威图软件系统（Rittal Software System）的组成部分，隶属于洛飞腾集团（Friedhelm Loh Group），在全球拥有超过900名员工、超过50个分支机构。EPLAN 有全球最大的百万级工程设计元器件云平台、19种语言、近300个全球生产商和80个国家20万工程用户，每月百万次下载。其作为全球领先的工程设计制造方案提供商，是机电一体化软件领域的行业领导者，同时引领工程设计自动化云战略。EPLAN 软件从诞生之初便随着全球工业化进程逐渐优化与完善，至今已成为业内最全面的机电一体化系统工程解决方案。

EPLAN 机电一体化系统工程解决方案中被广泛熟知的工具为 EPLAN Electric P8——电气设计的核心工具。除此之外，解决方案还将流体、工艺流程、仪表控制、柜体设计及制造、线束设计等多种专业的设计和管理统一扩展，实现了跨专业多领域的集成与协同设计。在此解决方案中，无论做哪个专业的设计，都使用同一个图形编辑器，调用同一个元器件库，使用同一个翻译字典，形成面向自动化系统集成和工厂自动化设计的全方位解决方案。具体包含的工具和解决方案如下：

- EPLAN Experience：基于 PRINCE2 的高效、低风险实施交付方法论；
- EPLAN Preplanning：用于项目前期规划、预设计及面向自控仪表过程控制的设计工具；
- EPLAN Electric P8：面向电气及自动化系统集成的设计工具；
- EPLAN Smart Wiring：高效、精准的智能布线工具；
- EPLAN Fluid：液压、气动、冷却和润滑设计工具；
- EPLAN Pro Panel：盘柜 3D 设计、仿真工具；
- EPLAN Harness proD：线束设计和发布工具；
- EPLAN EEC One：快速配置式设计和自动图纸发布工具；
- EPLAN Cogineer：模块化配置式设计和自动发布工具；

- ■ EPLAN Data Portal：在线即时更新的海量元器件库；
- ■ EPLAN ERP/PDM/PLM Integration Suite：与 ERP/PDM/PLM 知名供应商的标准集成接口套件；
- ■ EPLAN Syngineer：机械工程、电气/控制工程以及 IT/软件工程跨学科协同平台。

为了帮助国内从事机电一体化相关研发设计工作的读者系统学习基于 EP-LAN 机电一体化设计技术的系列设计工具，EPLAN 国内专业服务团队针对上述所有 EPLAN 解决方案或产品撰写了 EPLAN 系列官方教程。

本书恰到好处地对 EPLAN 解决方案中各个工具的最经典工程案例进行了解析，并随之介绍各 EPLAN 工具的主要功能和安装使用过程。旨在快速帮助读者建立 EPLAN 机电一体化设计的思路和概念，并了解机电一体化设计的各项技术和方法。而当读者需要进一步了解 EPLAN 各项工具的更多细节和内容时，可以有选择地阅读 EPLAN 系列官方教程的其他丛书。通过本书，您将学习到如下知识：

- ■ 如何规划企业机电一体化系统工程构建思路；
- ■ 如何初步使用 EPLAN Solution 的各项软件工具；
- ■ 如何有效实施与部署企业机电一体化系统工程平台；
- ■ 如何使机电一体化设计面向 ERP/PDM/PLM 的跨平台数据共享和集成；

……

书中若有疏漏和不足，恳请广大读者批评指正！

编　者

目　　录

第1章
概　　述

　　在当前竞争日益激烈及工业 4.0 驱动的环境下，工程设计面临诸多挑战。时间、成本、质量是企业追求的永恒主题。企业如何依据工业 4.0 倡导的弹性生产，满足个性化需求，运用 IT 和自动化技术，把设计生产成本降到最低，快速对市场做出反应，缩短上市周期，以最小的花费获取高质量的设计产品。EPLAN 高效工程设计将助力企业改变工程设计理念，提升设计效率，实现设计及生产制造自动化。

　　EPLAN 是优秀的工程设计和管理软件，其功能强大，操作灵活，使用者需要具有专业的知识背景和设计经验，EPLAN 软件开发的宗旨是"由工程师设计，为工程师服务"。

　　EPLAN 高效工程设计平台以 EPLAN Electric P8 电气设计为核心平台，同时将流体、工艺流程、仪表控制、柜体设计及制造、线束设计等多种专业的设计和管理统一扩展到此平台上，实现了跨专业多领域的集成设计。在此平台上，无论做哪个专业的设计，都使用同一个图形编辑器，调用同一个元器件库，使用同一个翻译字典，实现了数据的共享。可以说它是一款面向自动化系统集成和工厂自动化设计的全方位解决方案的软件。

　　EPLAN Electric P8 是面向电气及自动化系统集成的设计软件。机器设计或面向工厂生产线设计，通常是以工艺专业牵头，机械、电气、仪表联合为一体的多专业的协同设计。EPLAN Fluid 是解决液压、气动、冷却和润滑设计的软件。EPLAN Preplanning 是用于项目前期规划、预设计及面向自控仪表过程控制的软件。EPLAN Pro Panel 是盘柜 3D 设计仿真软件，实现元器件的 3D 布局、线缆的自由布线、钻孔和线缆加工信息的处理。EPLAN Harness proD 是解决线束设计的软件。这些产品是 EPLAN 高效工程平台的核心产品。

　　工程的设计和制造生产需要"大数据"的有效支持。EPLAN Data Portal 是基于网页、内置于 EPLAN 平台的在线元器件库，设计者随时可以调用 EPLAN Data Portal，得到来自于 250 多个电气、仪表、流体世界知名厂商的 100 多万数据集，方便在工程图纸中插入需要的宏（部分电路或符号），获取元件的技术参数和商务参数，快速生成 BOM 表。

　　EPLAN 平台支持多种工程设计方法。"面向图形"的设计方法以图形要素为中心，继承了 CAD 的传统设计习惯，保证了 CAD 平台切换到 CAE 平台的连贯性。"面向对象"的设计方法基于数据库，以设备为中心来规划项目数据，体现了各个专业的逻辑性，从而实现以导航器为中央控制器的"拖拉式"设计。"面向安装板"和"面向材料表"的设计是根据实际业务场景衍生出来的。生产装配车间在没有得到详细设计图纸前，把元器件在安装底板进行了大致的摆放，这些数据已经创建在 EPLAN 平台的设备导航器中，把导航器中的设备拖放到原理图上实现了图纸的设计。这种"面向安装板"方法体现了 EPLAN 并行设计的原则。"面向材料表"是基于甲方要求的初始材料表进行设计或者有效地与库存连接在一起，控制元器件的库存量。在这四种工作方法中，EPLAN 最为推崇的是"面向对象"的设计方法。

　　但是，随着产品设计的不断深入，企业积累了大量的典型电路、元器件库、设计规则和参数配置，这种重复性的画图设计反而浪费了不必要的劳作；另外，企业追求最短的上市时间，势必要提升设计效率。CTO（Configuration to Order）被称为"参数化配置"方法，就是通过更改和配置产品或生产线规则和参数，基于标准电路自动生成项目图纸，大大地缩短了项目的设计时间。

　　EPLAN Cogineer 和 EPLAN EEC One 是 EPLAN 平台 CTO 设计方法的解决方案。EPLAN Cogineer 内置于 EPLAN 平台。EPLAN Cogineer 分为两个工作场景："架构设计师"场景与"项目构建者"场景。"架构设计师"利用 EPLAN 宏（部分电路）构建一系列规则和参数的标准集合，"项目构建者"利用这些规则和参数，在一个友好的人机界面上进行参数化勾选，一键自动生成图纸。这个与客户流程设计密切相关的人机界面不需要编程人员的特殊编程，设计工程师就能自行定义。EPLAN EEC One 基于 Excel 单元定义规则和参数，完成上述自动化出图，封装的人机界面需要特殊的编程，适用于大型 EPLAN 咨询项目，由

EPLAN 的实施专家来实现。

基于 EPLAN Data Portal 和 Rittal 产品手册的大数据，选用合适的元件在 EP-LAN Electric P8 和 EPLAN Fluid 平台上进行设计，产品数据进入 EPLAN Pro Panel 进行 3D 仿真，选用 Rittal 的机柜、母线和冷却单元产品。通过 3D 仿真，生成了母线加工图、钻孔加工图、线缆长度等生产相关信息。这个数据无缝传递到生产加工设备和线缆切割机，实现了自动化加工和装配。这个过程传递了"从虚拟设计到现实生产"的埋念。EPLAN Pro Panel 的数据导入到 EPLAN Smart Wiring 中，虚拟形象化指导现场作业人员的安装接线。

EPLAN Smart Wiring 是一款基于互联网浏览器的软件解决方案。它是一种面向机械工程、工厂建筑、盘柜制造行业的全新概念，用于优化和指导控制箱柜的手工接线工艺和提升控制箱柜的生产效率。

EPLAN 是 PLM 环节管理的解决方案。EPIS（EPLAN ERP/PDM Integration Suite）是链接 EPLAN 和 ERP/PDM 的中间件。连续的数据流确保了产品开发过程中的透明性，并允许跨学科的合作，因此可以确保现有工程文档具有最高优先级，并处于产品生命周期中。利用 EPIS，可以将 EPLAN 整合到现有的 ERP、PDM 和 PLM 系统中，在 EPLAN 平台工作环境的情况下，在双向数据交换中快速且独立地提供数据。这样集成的目的是在优化工程流程的过程中提高效率。

现代设计朝着机电一体化的方向发展，机电仪及控制更加密不可分。在项目设计中，各个专业沟通密切，传统的电话、Email、项目会议沟通已经不能满足项目管理的要求。EPLAN Syngineer 是基于云的项目协同沟通管理平台。机械、电气、控制专业通过云的协调，进行信息的共享和交换，在线建立项目团队，邀请团队成员加入，管理专业进度。当机械专业发布更改消息，经过云同步，传递到电气专业，电气专业根据要求修改并自动调用预制方案，完成后发出信息，控制（程序）得到信息，进行相应修改，再经过云同步，项目得到修改，信息得到同步。EPLAN Syngineer 的应用可以打造一个高效沟通的项目团队。

EPLAN Software & Service GmbH & Co. KG 成立于 1984 年，已经有超过 30 多年的历史。30 年来，公司始终专注于提供 CAX 工程设计的解决方案：以提高工程效率、缩短产品制造周期为目标，以平台化、标准化、自动化、集成化和数字化为核心理念，提供高效的设计工具、方案和专业的咨询服务。在项目的咨询和实施过程中，我们积累了大量的行业经验，并把它们总结概括为指导我们实践的理论和方法，称为"EPLAN Experience"。

EPLAN Experience 是 EPLAN 公司在 EPLAN 项目基础应用、标准化、自动化和集成化实施的经验总结，是指导 EPLAN 项目咨询和实施的方法论。EPLAN Experience 包含 8 个行动领域：IT 架构、平台建设、规则和标准、产品结构、设计方法、工作流程、过程集成和项目管理。当客户选择 EPLAN 的产品和解决方案的时候，就意味着我们服务的真正开始。我们与我们的客户共享 EPLAN Experience，以确保工程设计和实施沿着正确的方向发展。

我们始终牢记"高效工程设计"是我们的商业基石，提供集成的解决方案是我们的责任，优化客户的工程流程是我们的承诺。

第2章

EPLAN Experience

EPLAN Experience 是 EPLAN 公司在 EPLAN 项目基础应用、标准化、自动化和集成化实施过程中的经验总结，是指导 EPLAN 项目咨询和实施的方法论。

2.1 EPLAN Experience 简介

2.1.1 EPLAN Experience 概述

EPLAN Experience 帮助客户更好地应用 EPLAN 平台解决方案，优化客户的工程流程，提高效率，提高 EPLAN 的解决方案和产品的应用水平。

EPLAN Experience 以客户为中心，它完全集成于现有的 EPLAN 平台。它与 EPLAN 客户、EPLAN 平台的关系如图 2-1 所示。

EPLAN Experience 是高度创新的，它不是产品驱动，而是知识驱动。它囊括了 EPLAN 公司在 CAE 解决方案中 30 多年的经验，使我们能够提供知识给客户，满足客户的特定需求。它对我们现有的系统解决方案（过程咨询、工程软件、实施、全球支持）进行了补充和增值，并与现有的产品组合（EPLAN 平台），使我们能够最大限度地利用它们。

图 2-1　EPLAN 客户、平台和
EPLAN Experience 的关系

EPLAN Experience 是 EPLAN 国际化的方法论，将在全球范围内所有国家 EPLAN 推广中同时使用。

2.1.2   EPLAN Experience 提出的背景

在当今快速发展的世界中，我们所有的客户和潜在客户都面临着很多挑战。这些挑战包括：从人力资源到运营，在董事会层面或在工厂层面，从高管到用户，以及无论一家公司是在全球还是在本地运营。当然，这些挑战变化很大，但是它们都可以归结为一个共同点：我们的客户希望效率更高。

我们从客户那里听到这些挑战。他们不仅和我们谈论特性和功能，而且还谈论例如上市时间、新规范、准时下班回家、战略创新管理、增强竞争、实施新技术和 CAE 软件、云解决方案、大数据、数字工厂、工业 4.0，甚至其他的小挑战，如 PLC 系统集成。

EPLAN Experience 将帮助我们的客户应对这些挑战，使客户的工程实践更加有效、更具有竞争优势。

2.1.3   EPLAN Experience 提出的原因

我们面临着一个有趣的挑战。客户对我们的 EPLAN 软件和服务非常满意，然而，约有 80% 的客户在应用 20% 的软件功能和产品组合。客户的二八现象如图 2-2 所示。

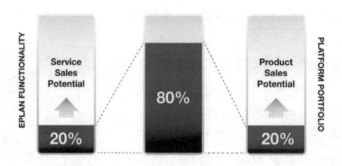

图 2-2   客户的二八现象

这意味着客户没有从我们的产品和服务中获得全部价值；还意味着，将新产品和创新引入我们的客户更加困难，因为他们没有充分利用现有的产品和创新。主要原因是，客户对他们正在使用的功能感到满意。除此之外，即使他们知道许多其他功能，也不再对它们感兴趣。基于这些情况，功能使用的问题变得更加重要，甚至超过对 EPLAN 新版本的关注。这将为我们提供一个思考：增加更多的创新和增值驱动的功能，并且优化工作流程。使用 20% 的功能，另外未使用的 80% 的功能将关注平台建设、数据的一致性，以及整个工程流程的优化。

解决的办法是让客户关注更多的产品，还是简单地引进更多的功能，希望它们被应用，或者通过更多的培训来帮助客户更好地使用我们的产品？尽管这些事情我们已经做了几十年，并将继续这样做，但我们更需要超越这些做法。

新的变化是，与现有的产品开发战略并行，充分利用我们的实力和经验为我们现有的软件和服务增加价值，并使它们给客户带来最大化的价值，从而迎接这一挑战。

EPLAN 公司成立已经 30 多年了，建立了一个庞大的全球客户群。公司在 50 多个国家有业务机构，全球有 55000 多个客户，装机许可超过 120000 个。这是一个庞大的客户群，给了我们巨大的经验，优化我们客户的工程效率。我们必须利用这些经验和知识，为客户业务增加更大的价值，使客户在日益激烈的竞争中脱颖而出，并在新的和发达的市场以及中间市场扩大他们的市场份额。

2.2　公司使命、愿景、战略

EPLAN 公司的使命、愿景、战略如图 2-3 所示。

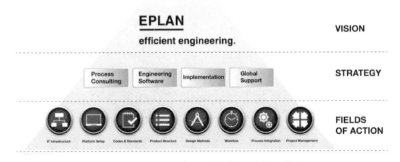

图 2-3　EPLAN 公司的使命、愿景、战略

2.2.1　EPLAN 公司使命

我们为客户提供过程优化方面的建议，为机电一体化开发基于软件的工程

解决方案，并实施量身定做的 CAD、PDM、PLM 和 ERP 接口，以加速客户的产品创建过程。这使客户能够更有效地工作，缩短他们的上市时间。

2.2.2　EPLAN 公司愿景

我们的目标是成为世界领先的工程解决方案提供商。我们不断寻求拓展国际市场和获得新的业务，以最大限度地为客户带来利益。

2.2.3　EPLAN 公司战略

我们为客户提供全面的软件和服务组合。

（1）过程咨询

EPLAN 提供价值创造的咨询和实施方案，以优化产品开发过程中的核心工程过程，覆盖从产品原型到客户实现的整个流程。EPLAN 为顾客分析完整的工作流程，观察公司的组织、过程和系统，并且提出行动建议，以便提高在面向过程的、有条理的、个体化过程中的效率。高效的过程、标准化的过程、自动化的序列和集成的 IT 解决方案是 EPLAN 过程咨询的结果。

（2）工程软件

为了持续优化和加速工程过程，EPLAN 在全球开发和销售 19 种语言的 EPLAN 软件专家系统，它们通过 EPLAN 平台相互连接，在数据、功能和工作流程上保持一致。

（3）技术实施

EPLAN 根据个体化客户的要求和定义的活动范围，提供标准化的过程实施、安装 CAX 系统以及将 EPLAN 软件解决方案顺利集成到公司的 IT/PLM 系统中的服务。多样化的 EPLAN 培训项目帮助客户有效地利用知识并持续发展。

（4）全球支持

EPLAN 全球专业支持提供遍布全球 50 多个国家的"高效工程"服务。通过全球在线支持系统"EPLAN 解决方案中心"，使用户查询更加简单、快速、可靠。以各种服务外包形式的模块化软件服务为所有客户需求提供正确的解决方案。

2.3　EPLAN 平台

EPLAN 产品线由电气工程、流体动力工程、仪表自控过程控制工程以及控制柜制造等各个工程学科的专家系统组成，如图 2-4 所示。

图 2-4　EPLAN 平台及产品

2.4　EPLAN Experience 内容

EPLAN Experience 是一个市场增强和客户发展方案，旨在优化客户操作的工程效率。它将推动我们的使命、愿景、战略，并为我们现有的产品组合增加价值。通过 8 个行动领域，它将在所有市场和所有行业得以实施。

EPLAN Experience 包括 8 个行动领域，如图 2-5 所示。行动领域可以被定义

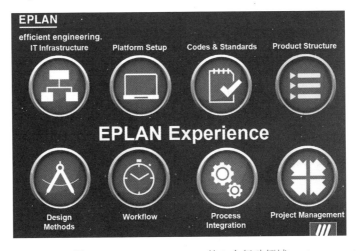

图 2-5　EPLAN Experience 的 8 个行动领域

为顾客希望优化和提高效率的特定领域，并且我们能够提供必要的技术诀窍以使它能够提高顾客的工程效率。

2.4.1　IT 架构

第一个领域涉及将客户的 EPLAN 软件集成到他们公司的 IT 基础设施，确保他们的 IT 环境正常应用。它将给客户带来的是清晰的、没有问题的安装和后续的更新升级过程。通过技术、安装和数据管理的咨询、定义和实施来实现。

客户受益：

- 无问题且清晰的安装过程和更新过程；
- 由于 CAE 解决方案立即可用于工程实践而节省的时间；
- 对所有 CAE 用户通过相同的设置和标准的安全性；
- 由于自动安装更新而节省的时间；
- 将可用数据源安全连接到 EPLAN 平台；
- 通过权限管理的知识诀窍的保护；
- 通过安全功能实现 CAE 解决方案的高可用性；
- 基于域和跨域协作和用户技术信息安全保护；
- 在网络之外，移动设备的启用。

2.4.2　平台建设

这个领域允许客户制定特定的应用，配置理想工作环境。这将有助于客户定义并实现其最理想的平台设置。

客户受益：

- 标准化设置导致的高质量和相同的项目结果；
- 根据用户的要求，设置的适应性和灵活性；
- 可应用不同的操作方式，从而实现高自由度；
- 由于在网络中自动分发设置而节省的时间；
- 可扩展用户界面的最佳可用性；
- 无须编程，通过选择列表和配置。

2.4.3　规则和标准

此步骤将制定客户设置、设计和设备、主数据使用的指导方针。它将使客户能够遵守所有必要的文件和生产的全球标准。通常，基于最新的 IEC 81346 标准。

客户受益：

- 应用工程中的功能视野更容易、更流畅地创建和使用设备；
- 创建跨学科设计的正确设置和模板；
- 通过 IEC 81346 的标准，定义可重用性；
- 项目准则符合企业设计要求的覆盖范围；
- 完整的文档和多语言要求保证完整解决方案的评估；
- 由于创建了专业的基础项目，所有预定义的主数据和设置，通过预定义的评估，实现高质量；
- 质量不是用户的结果，而是随时可用的，作为公司的标准。

2.4.4 产品结构

产品结构将为客户提供一个清晰的方法，构建他们的机器和系统。通过清晰的产品和技术结构的定义，作为设计自动化和跨学科协作的基础。

客户受益：

- 清晰和跨学科的结构和术语，创建可重用施工模板；
- 统一公司标准的制定；
- 由于结构化规则定义的透明度；
- 系统内专有技术的保障，而不是个人雇员之间的技术保障。

2.4.5 设计方法

选择和实施最有效的设计方法是"高效工程"的关键。与 EPLAN 专家一起工作，客户将能够分析、评估、定义和实施他们选择的设计方法，以减少工程成本和项目设计时间。

客户受益：

- 使用测试的库、模板、模块，有效防错；
- 通过变量技术最小化库和模块的数量；
- 通过参数/占位符技术防错；
- 通过减少个体工程来缩短工程设计时间；
- 保证标准封装的选项；

- 通过选择和取消选择的"选项"功能来减少工程上的耗费；
- 缩短项目设计时间；
- 个性化配置的巨大灵活性；
- 独立设计工程师专有技术的独立性。

2.4.6　工作流程

这个领域将使客户通过使用脚本、API 或附加程序开发实现 EPLAN 平台操作和设计过程一步一步地自动化。将帮助他们减少错误，在过程中集成数据技术，确保工程内部的一致性。

客户受益：

- 使用报表模板消除了耗时的评估；
- 定制友好的用户界面，节省人机交互的时间；
- 通过命令行远程控制平台功能，提供潜在的自动函数调用；
- 使用脚本自动循环函数调用节省工程时间；
- 自动收集、排序和恢复数据，减少错误；
- 菜单项目的个性化设计增强了人机工程学应用；
- 防止介质加工过程中的干扰；
- 公司流程应用有效的数据集成，保证了数据的一致性，提升了透明度；
- 利用数据技术实现第三方产品的连接。

2.4.7　过程集成

这一步骤的目标是将工作流集成到客户的过程。通过 PDM/ERP 与 EPLAN 的有效集成得以实现。

客户受益：

- PLM 环境下的 EPLAN 项目管理提高了部门间的透明度；
- EPLAN 项目被整合到公司的变更和发布管理中；
- 通过 PLM 过程的整合来遵守文档义务；
- 通过元数据同步避免物料主数据中的冗余；
- 中央数据在全公司范围内可用；
- 及时提供有关材料状态的信息；
- 避免由于手动转移零件清单而导致的错误输入。

2.4.8　项目管理

客户的目标是在最短的时间内实现设计、生产和制造效率的有效提升。

客户受益：

- 双方目标的定义提供安全性，并将重点放在结果上；

- 应用工作内容（SOW）定义项目里程碑，使项目在规定的时间内完成，质量得到保证；

- 关于预期的联合声明防止项目风险；

- 通过有条不紊的尝试和测试方法确保引入过程中的安全性；

- 标准培训与咨询的结合使成本效益更高；

- 作为有效 IMP "证据" 的最佳实践。

EPLAN Experience 是一步一步地增加工程效率的新概念。更重要的是，它与用户现有的 EPLAN 平台完全集成，能够帮助用户从现有的 EPLAN 软件中获得最大的价值。另一大优点是它的灵活性，这个概念适用于任何公司，不论公司的大小规模、地理位置或行业，甚至可实施的时间。它还高度结构化、模块化，基于 EPLAN Experience 的八个行动领域。这些已经被我们的客户确定为他们应用的特定领域，经常需要优化并提高效率。它是可定制的，任何企业组织可以从任何一个领域、任何速度开始，行动和实施，然后移动到另一个领域。每个领域提供其具体的好处，企业只有充分考虑和实施 EPLAN Experience 的八个行动项，才能发挥其全部的潜能。EPLAN Experience 将给客户和企业一个明确的前进方向来迎接他们当前和未来的挑战，并提高工程效率。它是一个可靠的、经过充分测试和验证的方法论，结构清晰、快速、高效。

2.5　EPLAN 实施进阶图

按照 EPLAN 实现 "优化工程设计流程" 的进阶图，通过基本应用、标准化、自动化、协同设计、集成化 5 个阶段，最后达到 "工程数据中心" 的高峰，如图 2-6 所示。但是，这几个阶段并不一定需要循序渐进地进行，可以并发实现。

（1）基本应用

通过参加 EPLAN 公司的基本培训，了解电气设计和用 EPLAN 软件设计项

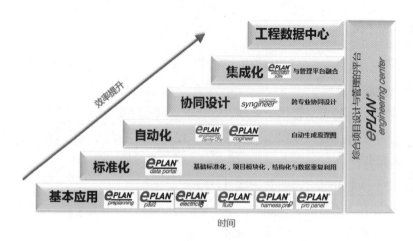

图 2-6　EPLAN 实施进阶图

目的基本流程、掌握 EPLAN 的专用术语和基本操作。

（2）标准化

通过建立电气设计的标准化数据和流程，减少重复工作、提升效率，保持图纸的风格和设计一致，建立标准化。

（3）自动化

标准化的过程中，会将反复使用到的典型回路、页创建为宏文件。设计新项目时，只需要手工插入宏文件即可。在标准化设计成熟后，可考虑使用 EPLAN 的原理图生成器（EPLAN EEC One）来自动生成原理图。EPLAN EEC One 是基于 Excel 文档的高效设计的工具，用户可以通过填写 Excel 表格来生成图纸，也可以开发更为友好的前端界面，将设计效率发挥到极致。

（4）协同设计

EPLAN 软件允许多名设计人员同时编辑大的工程项目，通过减少数据交换来提升设计效率。不同行业和部门（如使用 EPLAN Pro Panel 设计 3D 机柜布局）的设计者也能同时进行设计。

（5）集成化

EPLAN 平台具有良好的开放性，可以通过 API 接口与 ERP/PDM 集成，交换物料清单与图纸数据，实现透明化、信息化、高效率的 IT 管理。

第3章

EPLAN Preplanning

3.1 EPLAN Preplanning 简介

EPLAN Preplanning 是一个专为设备和工厂的预设计提供的 CAE 软件解决方案。它同时支持图形化和数据库驱动的工作方式。在一个项目中，数据能无缝地传输到跨专业的详细设计中。

通过 EPLAN 平台上的 EPLAN Preplanning 软件，可以尽早地实现工程流程中技术方面的初始设计。基于这种预设计数据，后续的电气原理图设计以及高层功能的详细内容可以在 EPLAN 平台中实现。

把预设计整合到规划确认中，由于数据的一致性，可以大大地降低成本，同时提高项目质量。由于软件本身设置灵活，新推出的预设计软件可以让客户非常容易快速地进入到这种设计模式。

描述 EPLAN 平台产品及解决方案的优势，所有产品使用同一平台，同一数据，便于实现标准化、模块化，进而实现自动化（快速生成项目图纸）。

3.2 EPLAN Preplanning 安装

EPLAN Preplanning（预规划产品）的安装分两种方式。一种是独立安装版，该安装方式将专属应用在规划报价设计以及 P&ID 图设计中；另一种是插件安装方式，该安装方式的应用将更加灵活，不仅可以进行规划报价设计及 P&ID 图设计应用，也可以应用在与其他 EPLAN 软件共同使用的需求当中。

插入程序安装装盘，以 2.7 版为例，双击 setup. exe，进入如图 3-1 所示安装确认页。

图 3-1　安装界面

点开红色框高亮的部分，出现两个选项，分别是"Preplanning（×64）"和"Preplanning Add-on（×64）"。

"Preplanning（×64）"为独立安装版方式，在任何时候，都可以选择，直至安装结束后，桌面生成独立安装启动的图标。

"Preplanning Add-on（×64）"为插件安装方式，此方式的安装前提是在此电脑上已安装了 EPLAN 的其他软件，如 EPLAN Electric P8。安装后 EPLAN Preplanning 将以插件的方式存在于如 EPLAN Electric P8 程序当中，在桌面只需双击进入如 EPLAN Electric P8 后，调出 EPLAN Preplanning（预规划）导航器操作界面即可。

3.3　项目预设计

很多时候，我们的项目并不是直接从详图的设计开始，而是从项目的投标报价阶段就已经开始。在投标阶段中，我们需要在较短的时间内，完成投标所用的主设备清单、主材料清单、工程说明书、工时统计表、工期方案、主设备布置图、控制室布置图等文件。在没有数据库做后台支持时，所有的文件内容都是基于业主的招标文件及工程师的个人项目经验，预估出一套供投标报价使用的文件，尤其是主设备清单、主材料清单以及工时统计表，其结果与真实的项目需求可能会有不确定的偏差，尤其是投标报价的结果将直接影响未来能否中标，以及中标后的实施与管理问题。

EPLAN Preplanning 能在投标报价阶段为您提供宝贵的工程经验及数据支持。这些数据均来自您过往项目的经验与积累，能让投标的工作更准确、更高效地完成，同时也能将这些数据存储在 EPLAN 软件平台中，为将来详细设计积累最初的方案及数据基础，也为生产装配/制造，以及交付运维提供强有力的后台数据，如图 3-2 所示。

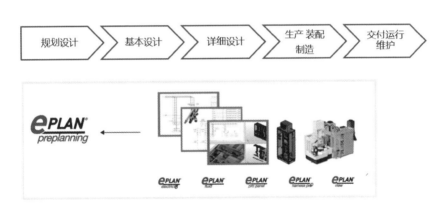

图 3-2 数据全周期流程示意图

3.4 P&ID、自控仪表及电气设计

在过程控制行业中，当我们经过了报价设计环节，进入到详细设计过程时，工艺专业的 P&ID（管道 & 仪表图）设计是整个工程设计的核心部分，它的数据及方案将会传递到下游的自控仪表专业及电气专业进行控制需求及供配电需求的详细设计。数据的准确性，流畅的传递性，将显得尤为重要。

EPLAN Preplanning 能为工艺、电气、仪表专业提供强大的后台及数据支持，使得工艺参数及设计需求能平滑流畅地在整个设计平台中进行传递。电气与自控仪表专业工程师不用再为后期工艺方案的调整、工艺参数的改变而头痛，所有的信息都将会随着上游工艺专业的变化自动进行修正，真正做到跨专业的高效协同设计。

3.4.1　预规划导航器

　　利用 EPLAN Preplanning 进行预规划的设计时，所有的规划信息都将在预规划导航器中进行与完成。请按照如下步骤打开预规划导航器，在工具栏中依次单击：【项目数据】>【预规划】>【导航器】。预规划导航器界面如图 3-3 所示。

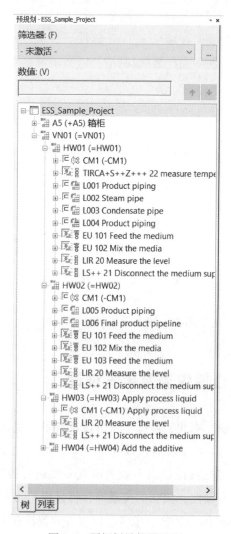

图 3-3　预规划导航器界面

3.4.2　预规划结构设计

在预规划导航器中，通过单击鼠标右键即可创建新的结构段、新的规划对象、新设备（带有选型的规划对象）。

结构段是用于分类并管理规划对象的层级结构，可认为是某个"车间"、某个"厂房"、甚至可以是某个"工艺段"。在导航器中，VN01 被定义为一个化学药剂生产工厂，HW01 ~ HW04 被分别定义为该工厂的四个流程工艺段，在每个工艺段下又定义了不同的设备，如 L001 ~ L004 代表管线，CM1 代表工艺设备，LIR20 代表控制信号，如图 3-4 所示。

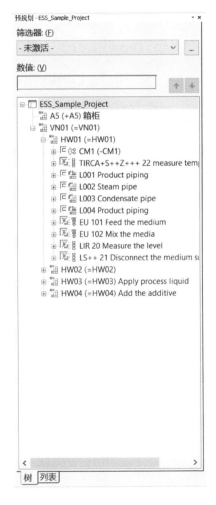

图 3-4　预规划结构设计

规划对象与设备是用于规划的实际设备，可以是管道、工艺设备、控制信号，也可以是一套完整的控制设备或生产设备，它具有实际的工程意义。属性当中可以存放规划的数据信息，如功率、转速、电压、电流、价格等。在 EPLAN 平台中，规划对象就是我们常说的"数据模型"。规划对象的属性如图 3-5 所示。

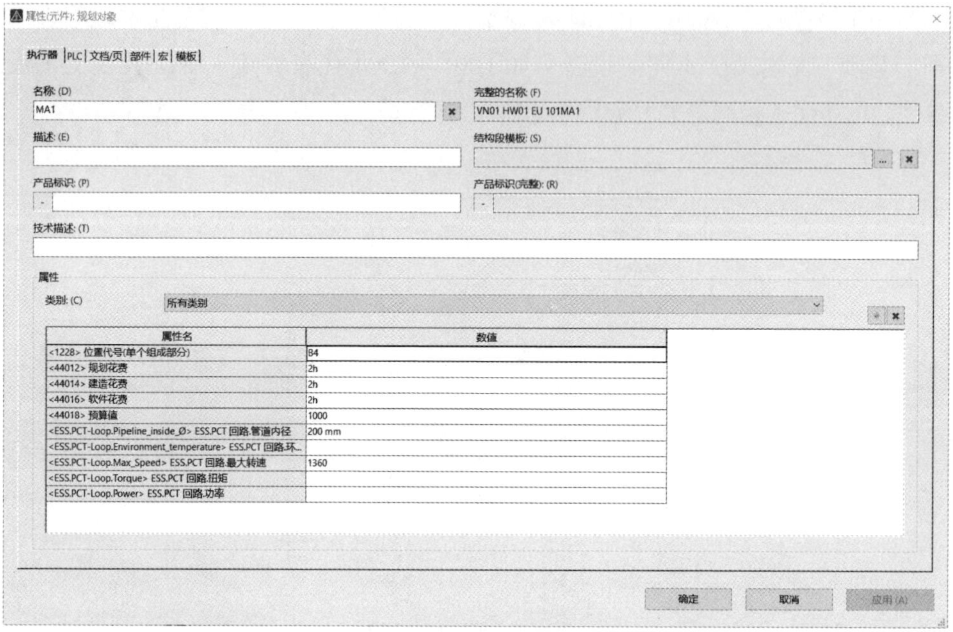

图 3-5   规划对象属性

3.4.3   PCT 回路

PCT 回路是 Process Control Technology 的缩写，也叫控制回路/供电回路，用于在 P&ID 图中定义控制信息及其需求的表达方式。同时，可以将该控制信号的所有设计参数信息录入并存储在该回路当中，如高低液位报警值、测量范围、测量材料的选型等。

3.5   P&ID 设计

通过对规划对象及 PCT 回路的定义与设计，可以将定义与设计的结果通过预规划导航器，拖放到 P&ID 图中，完成 P&ID 的设计，如图 3-6 所示。

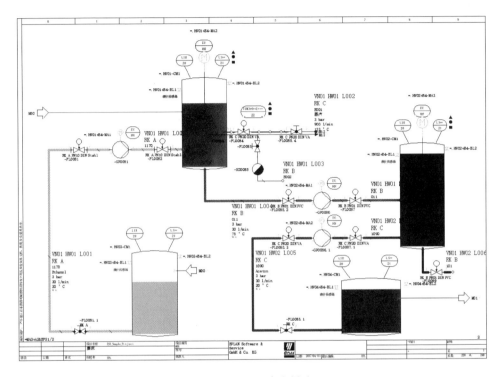

图 3-6   P&ID 参考样式

3.6   工程报表生成

根据在预规划导航器中对规划对象及 PCT 回路的定义和设计，我们可以通过 EPLAN 平台当中的生成报表功能，生成我们所需的规划信息和 P&ID 信息的报表。

例如，当我们在报价阶段需要依据规划图的结果生成相应的报价清单文件时，可以采用 EPLAN 的"规划对象总览"报表样式进行统计和生成。操作步骤如下：报表生成，在工具栏中依次单击：【工具】>【报表】>【生成】，单击 🔹，新建报表，选择与预规划相关的报表，如"预规划：规划对象总览"，将生成如图 3-7 所示报表。

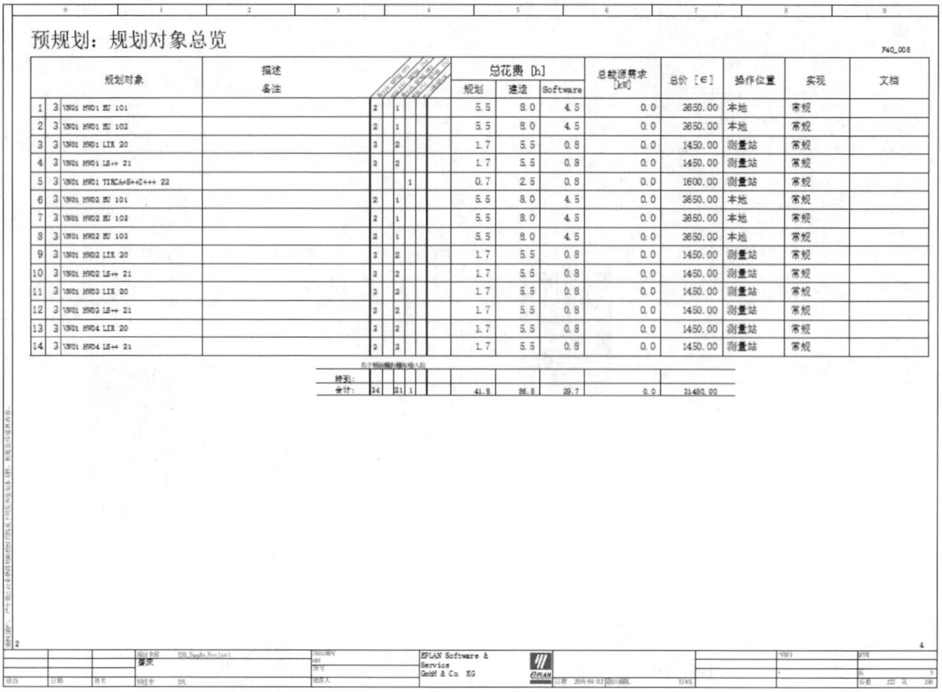

预规划：规划对象总览

		规划对象	描述 备注							总花费 [h]			总能源需求 [kW]	总价 [€]	操作位置	实现	文档
										规划	建造	Software					
1	3	\SN01 HW01 EU 101						2	1	5.5	8.0	4.5	0.0	3650.00	本地	常规	
2	3	\SN01 HW01 EU 102						2	1	5.5	8.0	4.5	0.0	3650.00	本地	常规	
3	3	\SN01 HW01 LIX 20						3	2	1.7	5.5	0.8	0.0	1450.00	测量站	常规	
4	3	\SN01 HW01 LS++ 21						3	2	1.7	5.5	0.8	0.0	1450.00	测量站	常规	
5	3	\SN01 HW01 TINKA+S++Z+++ 22					1			0.7	2.5	0.8	0.0	1600.00	本地	常规	
6	3	\SN01 HW02 EU 101						2	1	5.5	8.0	4.5	0.0	3650.00	本地	常规	
7	3	\SN01 HW02 EU 102						2	1	5.5	8.0	4.5	0.0	3650.00	本地	常规	
8	3	\SN01 HW02 EU 103						2	1	5.5	8.0	4.5	0.0	3650.00	本地	常规	
9	3	\SN01 HW02 LIX 20						3	2	1.7	5.5	0.8	0.0	1450.00	测量站	常规	
10	3	\SN01 HW02 LS++ 21						3	2	1.7	5.5	0.8	0.0	1450.00	测量站	常规	
11	3	\SN01 HW03 LIX 20						3	2	1.7	5.5	0.8	0.0	1450.00	测量站	常规	
12	3	\SN01 HW03 LS++ 21						3	2	1.7	5.5	0.8	0.0	1450.00	测量站	常规	
13	3	\SN01 HW04 LIX 20						3	2	1.7	5.5	0.8	0.0	1450.00	测量站	常规	
14	3	\SN01 HW04 LS++ 21						3	2	1.7	5.5	0.8	0.0	1450.00	测量站	常规	
		转到：															
		合计：				34	21	1		41.8	96.8	29.7	0.0	31480.00			

图 3-7 规划对象总览样例

3.7 工程案例

在项目设计过程中，内容及文件是否能高效地进行设计及发布与数据是否能流畅地在整个设计环节中进行有效传递是密不可分的。接下来，将从项目报价设计和过程控制行业的 P&ID 设计两部分为大家做相关内容的简单介绍。我们的工作无论从报价阶段开始做起直到详细设计全部结束，还是跳过了报价工作，只做详细设计部分，都可以有针对性地参考以下章节的介绍，将设计方法融入设计流程当中。

3.7.1 项目预算及规划图设计案例简介

当项目还在报价阶段时，很多图纸和工作内容不需要按照详细设计的深度要求详细对应到每一台机械设备或是电控工作内容。在报价阶段中，工作的重点在于如何统计出相对准确的设备规格及价格、安装材料、人力投入成本等信息，并最终形成设备清单、材料清单及人力需求清单。有时还会根据报价需求编制初步的设备布置图，更直观地给客户提供全厂或控制室或配电间的设备布置方案。这些布置方案中所有罗列出来的设备，往往都会和设备清单做匹配。

接下来，将通过以下两节的内容简单介绍 EPLAN Preplanning（预规划软件）在规划图及预算设计中的应用。

3.7.2 项目规划布局图设计简介

以控制室布置图为例，需要将初期对控制室的布局方案设计成报价阶段的布置图方案文件。该图可以用 EPLAN 的图形设计工具进行设计，之后用人工的方式将设备信息、材料信息统计到设备清单及安装材料表中。当然，也可以用预规划软件的数据模型设计的方式进行设计，该方法不仅可以快速完成布局设计的内容，而且还能自动统计设备信息、安装材料等信息；与此同时，也可以针对设备的相关设计内容，统计出预估的运输价格、安装人工天数等数据，如图 3-8 所示。以下的介绍都围绕后一种介绍中的高效工作方式而展开。

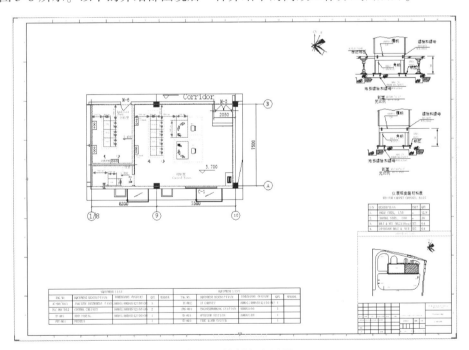

图 3-8 控制室布置图

我们需将这些常用设备（如 PLC 机柜、操作台等）在预规划导航器中创建相应的数据模型。将创建完毕的工程师站、操作员站、PLC 机柜等数据模型按照设计要求创建到预规划导航器相应的层级结构中，之后再通过预规划导航器将这些规划的设备放置到图纸当中。此时，布置图中的机柜等设备图形就和规划需求数据一一建立了匹配关系。这些匹配的数据及信息可以按照设计需要预制人力成本信息、安装费用信息等，并将其输出成投标报价使用的专用报表。若设计过程中设备信息发生变化，待数据修改完毕后，报表只需刷新即可获得最新的报表。

3.7.3 项目预算设计简介

根据在预规划导航器中创建的数据模型及预写入的设备供电需求信息、安装费用预估、人力投入需求等信息，均可以在布置图、规划图设计完毕后，对该设备数据进行统计，形成所需的报价表、设备清单等文件，供项目预算及项目管理进行使用，如图 3-9 所示。

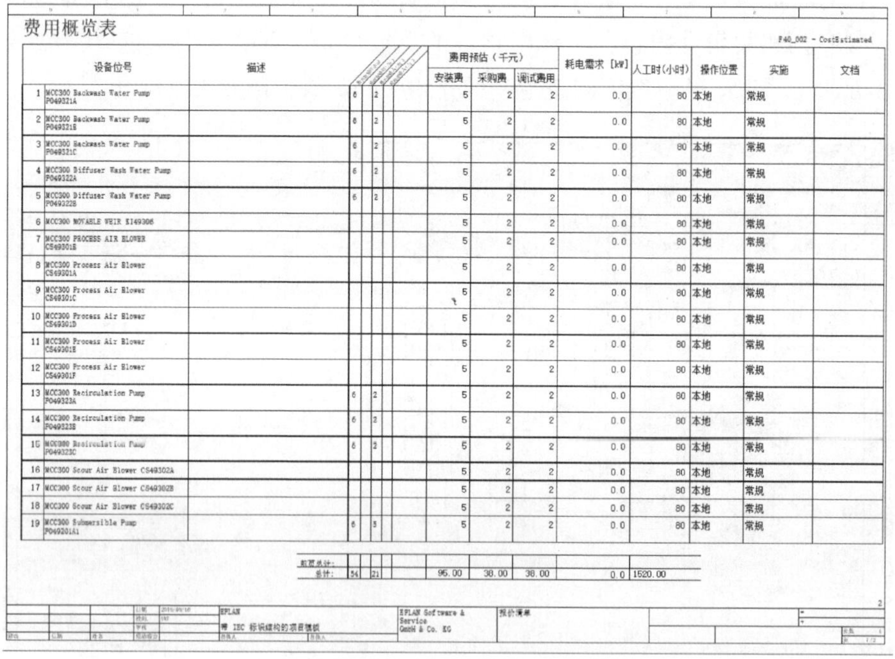

费用概览表

F40_002 - CostEstimated

	设备位号	描述					费用预估（千元）			耗电需求 [kW]	人工时(小时)	操作位置	实施	文档
							安装费	采购费	调试费用					
1	MCC300 Backwash Water Pump P049321A		6		2		5	2	2	0.0	80	本地	常规	
2	MCC300 Backwash Water Pump P049321B		6		2		5	2	2	0.0	80	本地	常规	
3	MCC300 Backwash Water Pump P049321C		6		2		5	2	2	0.0	80	本地	常规	
4	MCC300 Diffuser Wash Water Pump P049322A		6		2		5	2	2	0.0	80	本地	常规	
5	MCC300 Diffuser Wash Water Pump P049322B		6		2		5	2	2	0.0	80	本地	常规	
6	MCC300 MOVABLE WEIR XI49306						5	2	2	0.0	80	本地	常规	
7	MCC300 PROCESS AIR BLOWER CS49301B						5	2	2	0.0	80	本地	常规	
8	MCC300 Process Air Blower CS49301A						5	2	2	0.0	80	本地	常规	
9	MCC300 Process Air Blower CS49301C						5	2	2	0.0	80	本地	常规	
10	MCC300 Process Air Blower CS49301D						5	2	2	0.0	80	本地	常规	
11	MCC300 Process Air Blower CS49301E						5	2	2	0.0	80	本地	常规	
12	MCC300 Process Air Blower CS49301F						5	2	2	0.0	80	本地	常规	
13	MCC300 Recirculation Pump P049323A		6		2		5	2	2	0.0	80	本地	常规	
14	MCC300 Recirculation Pump P049323B		6		2		5	2	2	0.0	80	本地	常规	
15	MCC300 Recirculation Pump P049323C		6		2		5	2	2	0.0	80	本地	常规	
16	MCC300 Scour Air Blower CS49302A						5	2	2	0.0	80	本地	常规	
17	MCC300 Scour Air Blower CS49302B						5	2	2	0.0	80	本地	常规	
18	MCC300 Scour Air Blower CS49302C						5	2	2	0.0	80	本地	常规	
19	MCC300 Submersible Pump P049201A1		6		5		5	2	2	0.0	80	本地	常规	
		前页总计： 总计：	54		21		95.00	38.00	38.00	0.0	1520.00			

EPLAN 带 IEC 标识结构的项目模板 EPLAN Software & Service GmbH & Co. KG 报价清单

图 3-9 费用概览表样式

该报表中的显示信息、显示样式及计算结果，为典型项目的信息及格式。用户可以根据项目的实际需要，对表格中的显示方式及计算结果进行定制。

3.7.4 过程控制行业案例介绍

EPLAN Preplanning 的另一个应用特点是能将 EPLAN 平台的设计优势完美地

应用在过程控制行业当中，帮助过程控制的工艺、电气、仪表专业完成各自的原理图设计任务。在整个设计环节中，各专业间的数据可以流畅地应用在项目的设计界面当中，相互协同配合，高质量、高效地完成设计任务。

在接下来的两节内容中，将针对工艺流程图的设计和电气、仪表设计进行简单介绍。

3.7.5 工艺流程图设计简介

在 EPLAN 典型项目中，可以根据工艺流程的设计需要，对过程控制中的电气仪表信息按照 IEC 或 ISA 标准进行设计。通过 EPLAN Preplanning 不仅可以对工艺设备、电气设备、仪表设备进行定义，同时也可以对管道设备进行定义，使得所有设计信息都能在 P&ID 图中进行显示与调用。

根据以上的设计，工艺工程师可通过预规划导航器将设备、管道、工程测量、报警信息准确无误地放置在 P&ID 图纸当中，为接下来的电气、仪表专业能与之协同设计，提供准确的数据基础。

根据 P&ID 的设计结果，生成管道清单，如图 3-10 所示。

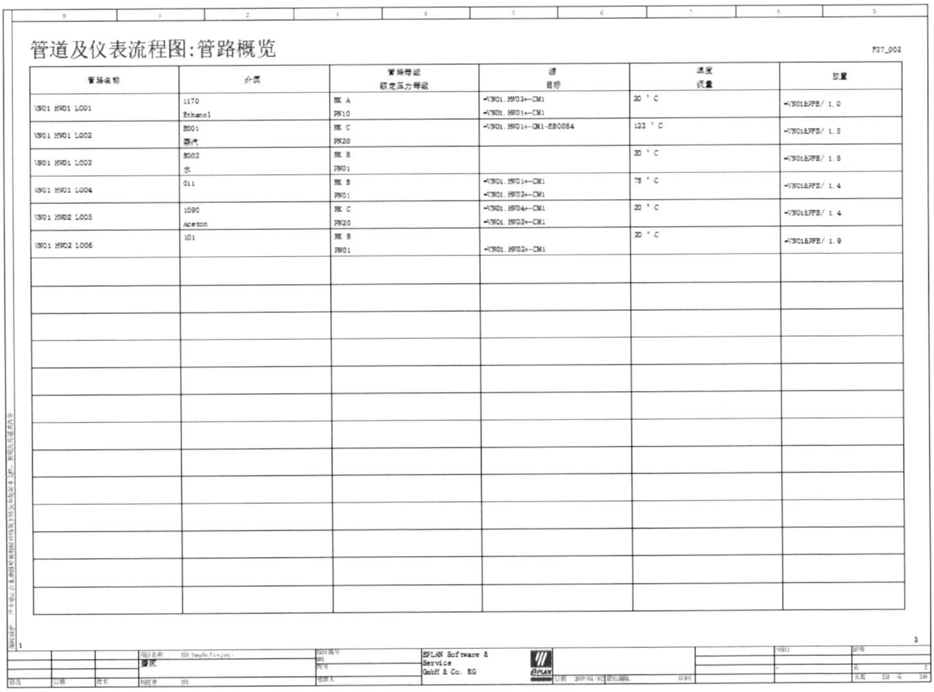
管道及仪表流程图:管路概览 F37_002

管路名称	介质	管路等级 额定压力等级	源 目标	温度 流量	数量
\VN01 HW01 L001	1170 Ethanol	RK A PN10	=VN01.HW03+-CM1 =VN01.HW01+-CM1	20 ° C	=VN01&PFB/ 1.0
\VN01 HW01 L002	B001 蒸汽	RK C PN20	=VN01.HW01+-CM1-EB0084	123 ° C	=VN01&PFB/ 1.5
\VN01 HW01 L003	B002 水	RK B PN01		20 ° C	=VN01&PFB/ 1.5
\VN01 HW01 L004	011	RK B PN01	=VN01.HW01+-CM1 =VN01.HW02+-CM1	75 ° C	=VN01&PFB/ 1.4
\VN01 HW02 L005	1090 Aceton	RK C PN20	=VN01.HW04+-CM1 =VN01.HW02+-CM1	20 ° C	=VN01&PFB/ 1.4
\VN01 HW02 L006	101	RK B PN01	=VN01.HW02+-CM1	20 ° C	=VN01&PFB/ 1.9

图 3-10 管道清单样式

3.7.6　电气、仪表设计简介

根据 P&ID 图的设计，电气及自控仪表工程师可以很直观地看到自己工作范围内的设备情况，并通过对预规划导航器的展开与操作，很方便地将设计信息根据专业需要进行深化。

例如，仪表专业需要根据 P&ID 图中的要求，完成测量设备与控制设备的控制回路图设计。此时，只需要在预规划导航器中完成对该回路的匹配选择即可。完成图纸如图 3-11 所示。

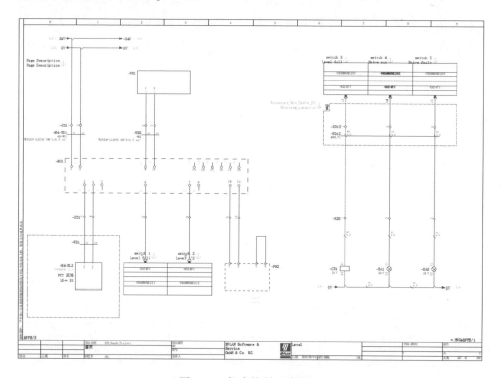

图 3-11　仪表控制回路图纸

也可以根据工艺参数的设计，以报表的方式生成图 3-12 所示仪表数据表。

也可以根据工艺参数的设计，以报表的方式生成图 3-13 所示典型仪表安装图。

除以上应用外，电气、自控仪表专业也可以根据回路图设计的结果，依次通过报表的方式生成端子接线图、电缆接线图、设备清单、安装材料表等文件。

ePLAN	数据页 PCT 回路 PCT 回路说明	PCT 回路编号 LIR 20	
		装置 1	
		装置 2	
		装置 3	
		装置 4	
		装置 5	
	备注	装置 6	
		装置 7	
		页　　1　　共　　2	

1	测量材料						2	额定宽度 DN		25	
2	形态						2	法兰标称		
3	测量件部件	否					2	额定压力/密封面		DN	
4	腐蚀物	否					2	材料		
5	介质状态						2	结构长度		
6	描述的工作方式						2	介质阻制		
7		最小	标准	最大			2	下部测量套管		DN 是
8	工作温度						2	上部测量套管		DN 否
9	工作压力（绝对）						3	保护等级		
1							3	连接点		DN 25
1	测量变量　测量范围						3	安装长度		100
1			111	LL	L	H	HH	HHH	3	关于/安装		DN 是
1	阈值						3	流量/安装		第 51 否
1							3	环境温度		
1	输入端信号						3			
1	测量范围						3			
1	工作状态密度						3			
1	响应器件						3			
2	压缩率量/密封量						4			

PLC 数据

	信号类型	方向	符号地址	PLC地址	CPU	功能文本
4	BOOL	输入端	VN01H02NS811			
4	BOOL	输入端	VN01H02NS812			
4	BOOL	输出端	VN01H02NS801			
4	BOOL	输出端	VN01H02NS802			
4	BOOL	输出端	VN01H02NS803			
4						
4						
4						
4						
5						
5						

PCT 回路数据

	设备标识符	结构段模板	完整的名称	描述(结构段)
			VN0H H02 LIR 20	
5	花费　建造　规划	Software	数据需求　价格	家
5	1,0h	0,5h	0,5h	800.00	Level Measurement

规划对象数据

名称	BL1	描述			测量-仪表回路		
操作位置	本地	类型	建造	设备标识符	VN01 H02-BL4-BL1		
回路花费	4 h	花费	1 h	Software	0 h	总价格	300.00
关于/安装		数据名称		数据需求			
回路等级			工作原理			测量方法	

图 3-12　仪表数据表

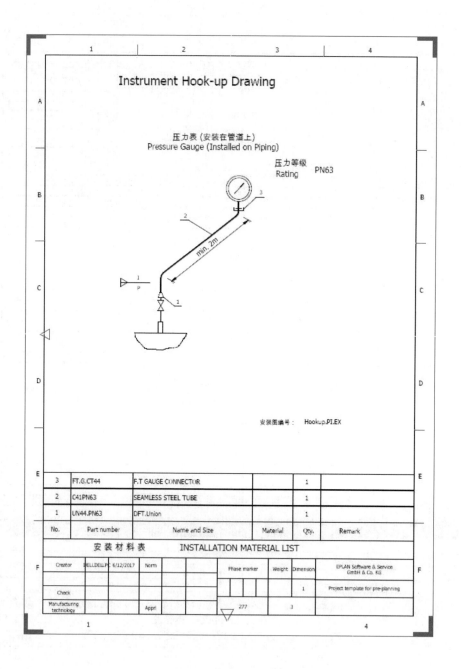

图 3-13 典型仪表安装图

第4章
EPLAN Electric P8

4.1 EPLAN Electric P8 简介

EPLAN Electric P8 提供了多种多样的功能,用来实现快速原理图设计、多种报表自动生成、工程项目管理等。一旦原理图被建立,EPLAN 就能根据它自动生成各式各样的报表,这些报表可直接用于生产、装配、发货和维修。此外,EPLAN 还提供了专门的接口,用来和其他 CAE 软件进行项目数据交换,确保 EPLAN 项目中的数据与整个产品开发流程中的数据保持一致。

4.2 EPLAN Electric P8 安装

4.2.1 安装 EPLAN Electric P8 的系统要求

EPLAN 平台现仅支持 64 位版本的 Microsoft 操作系统 Windows 7、Windows 8.1 和 Windows 10。所安装的 EPLAN 语言必须受操作系统支持。

EPLAN 平台可支持的操作系统见表 4-1。

表 4-1 EPLAN 支持的操作系统

计算机类型	操作系统
工作站	Microsoft Windows 7 SP1 (64 位) Professional、Enterprise、Ultimate 版
	Microsoft Windows 8.1 (64 位) Pro、Enterprise 版
	Microsoft Windows 10 (64 位) Pro、Enterprise 版

（续）

计算机类型	操 作 系 统
服务器	Microsoft Windows Server 2008 R2（64 位）
	Microsoft Windows Server 2012（64 位）
	Microsoft Windows Server 2012 R2（64 位）
	Microsoft Windows Server 2016（64 位）
	配备 Citrix XenApp 7.6 和 Citrix Desktop 7.6 的终端服务器

作为通过 EPLAN 创建 Microsoft Office 文件格式的前提条件，必须在计算机上安装了一个 EPLAN 所支持的可运行的 Office 版本。EPLAN 支持的 Office 及相关应用系统见表 4-2。

表 4-2　EPLAN 支持的 Office 及相关应用系统

Microsoft 类别	Microsoft 工具
Office	Microsoft Office 2010（32 位和 64 位）*
	Microsoft Office 2013（32 位和 64 位）*
	Microsoft Office 2016（32 位和 64 位）*
IEExplorer	Microsoft Internet Explorer 10
	Microsoft Internet Explorer 11
	Microsoft Edge
SQL-Server（64 位）	Microsoft SQL Server 2012
	Microsoft SQL Server 2014
	Microsoft SQL Server 2016
PDF-Redlining	Adobe Reader Version XI
	Adobe Reader Version XI Standard/Pro 版本
	Adobe Reader Version DC
	Adobe Reader Version DC Standard/Pro 版本
PLC 系统（PLC & Bus Extension）	ABB Automation Builder
	Beckhoff TwinCAT 2.10
	Beckhoff TwinCAT 2.11
	3S Codesys
	Mitsubishi GX Works2
	Schneider Unity Pro V10.0
	Schneider Unity Pro V11.1
	Siemens SIMATIC STEP 7, 5.4 SP4 版本
	Siemens SIMATIC STEP 7, 5.5 版本
	Siemens SIMATIC STEP 7 TIA, 14 SP1 版本
	logi.cals Automation
	Rexroth IndraWorks
	Rockwell Studio 5000 Architect V20
	Rockwell Studio 5000 Architect V21

注：根据部件管理、项目管理和词典的数据库选择，必须使用 64 位 Office 版本。

4.2.2　EPLAN Platform Electric P8 安装步骤

EPLAN Platform Electric P8 的安装步骤如下：

（1）执行 EPLAN Electric P8 安装光盘上的 Setup. exe 文件，启动安装程序。

（2）进入程序对话框，会出现 Select a program variant，请选择 "Electric P8 （64）"，Available programs：Electric P8（×64），单击 "NEXT" 按钮继续。

（3）勾选 License Agreement 的 "I accept the terms in the license agreement"，单击 "NEXT" 按钮继续。

（4）进入安装界面，在该界面中选择安装路径。

安装路径和目录含义如下：

1）Program directory：EPLAN 主程序的安装目录，EPLAN 的核心程序。

2）EPLAN original master data：EPLAN 原始主数据，包括 EPLAN 初始的符号、图框、表格、字典和部件等。

3）Systerm master data：用户所需的主数据（企业主数据），包含用户设计项目所需的符号、图框、表格、字典和部件等。

4）Company code：用户完全自定义，可以是公司名称的缩写或者自己名称的缩写，一般建议以办公目的安装的 EPLAN 软件。此处用公司缩写。

5）User settings：存放用户设置信息。

6）Workstation settings：存放工作站设置信息。

7）Company settings：存放公司设置信息。

8）Measuring unit：有 "mm（毫米）" 和 "inch（英寸）" 两个测量单位可以选择。根据设计者自身设计的项目所符合的电气标准选择测量单位，例如，如果设计基于 IEC 电气标准，那么可以选择 mm（毫米）。

 提示：

一般建议安装路径采用默认设置。

单击 "NEXT" 按钮继续安装。

（5）进入安装主界面，该步骤主要分为三部分：

1）Customized installation 定制安装。这一功能是 "自定义安装"，可以了解到要安装哪些 EPLAN 平台程序。

2）Master data types 主数据类型。勾选用户所需安装的主数据，例如："权限管理""文档"和"DXF/DWG"等选项。

3）Language modules 安装语言包。勾选用户所需安装的语言包，例如："English（USA）""Chinese"。

单击"Install"安装按钮继续安装。

（6）单击"安装"按钮进入安装进程，直至安装完成，单击"Finish"按钮，安装完成。

4.3　EPLAN Electric P8 电气设计基础

完成 EPLAN Electric P8 软件安装后，通过输入激活码激活软件授权。成功激活后，在选择许可对话框中选择"EPLAN Electric P8 – Professional"专业版本，确定后进入初始菜单，选择"专家"，确定后正式进入 EPLAN Electric P8 专业设计界面，如图 4-1 所示，EPLAN 操作界面被分为四部分：第 1 部分即是我们在电气设计原理图时的主界面，原理图显示在此部分；第 2 部分是工具菜单栏；第 3 部分是页导航器；第 4 部分是图形预览。

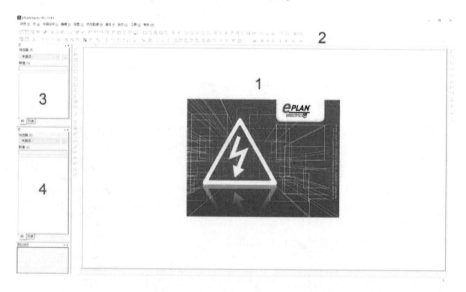

图 4-1　EPLAN Electric P8 操作界面

EPLAN Electric P8 作为一个专业的高效电气设计软件，存在的意义就在于用户可以利用它高效地进行电气设计图纸，为企业建立标准化的电气图纸，在具体设计电气原理图之前先来搭建图纸结构，通过一些基础设置来统一图纸结构。这里简单叙述 EPLAN Electric P8 四大类型基本设置，分别为项目设置、用户设置、工作站设置以及公司设置。这些设置路径在 EPLAN Electric P8 菜单栏【选项】>【设置】中可以查看并编辑。下面简单介绍这些设置在分配时的具体功能。

（1）项目设置

项目设置用来确定修改项目的所有属性，用来满足设计项目时的基本设置需求。

关联参考/触点映像：中断点关联参考、元件和路径中触点的关联参考基本设置。

图形的编辑：字体、尺寸标注的基本设置。

待布线的连接：设置待布线处理的连接。

报表：报表中显示/输出、输出为页配置、部件报表设置。

显示：日期/时间/数字和树形结构（导航器和页）的设置。

机械加工：水平和垂直方向零位放置方向设置。

管理：项目管理设置，例如修订、设备/部件选择的设置。

翻译：项目中文本的翻译设置。

设备：项目中基本设备的设置，例如 PLC、电缆、设备标识符等。

连接：项目中连接部分的设置，例如连接编号和连接颜色等。

预规划：项目预规划的基本设置。

（2）用户设置

用户设置是用来确定用户工作环境的，例如设计界面的背景颜色切换、栅格大小、EPLAN Data Portal 用户信息等，设计者可以根据自身的设计习惯和方式来配置属于自身的用户设置。下面简要介绍用户设置中的具体功能。

图形的编辑：用来设置 2D 图形、3D 图形、连接符号等图形相关的设置。

接口：用来设置 EPLAN 数据以不同形式导入和导出时产生的接口设置，例如 PDF 导出、导入和导出 DXF/DWG、SETP 导出等。

插件：用来设置软管管线配置器。

数据备份：预设置中项目备份的设置。

显示：EPLAN 用户中与显示相关的设置，例如工作区域的显示、显示单位、用户界面显示和语言显示。

标准转换：设置转换不同电气设计标准时的符号配置和项目主数据。

管理：设置用户管理信息，例如 EPLAN 数据的根目录路径设置、EPLAN Data Portal 的用户信息、用户快捷键的设置等。

翻译：设置翻译字典、用户的常规翻译语言设置。

设备：设置在设备连接时是否考虑连接点代号。

（3）工作站设置

工作站设置主要设置和工作服务器自身相关的基本设置，主要功能包括：PDF 输出尺寸大小设置、打印设置、优化服务器和系统消息文本路径设置。

（4）公司设置

设置公司的基本要求是，根据公司自身的标准来统一规范设置，适用于全公司的所有工作站。

4.3.1 EPLAN Electric P8 项目

（1）单击菜单栏最左侧的【项目】，通过菜单可以打开或关闭项目、备份和恢复项目，也可以打印项目图纸和重命名项目等。

（2）项目新建。路径：【项目】>【新建】，此项目可以包含电气原理图、单线图、总览图、安装板和自由绘图，同时还包含存入项目中的一些主数据（如符号、图框、表格、部件等）信息。

当然，也可以通过【项目】>【属性】打开项目属性标签并设置项目类型。修改属性"项目类型"，可定义项目是原理图项目还是宏项目。这里提到的暂时都是原理图项目。

新建项目时界面下方设置创建日期和创建者可以勾选填写，界面上方有主要的三要素：

1）项目名称：给项目创建一个名称。

2）保存位置：项目保存位置。

3）模板：在安装 EPLAN 安装包时会自动在默认路径下下载到模板文件，EPLAN 项目模板类型格式有三种，分别是（＊.ept）、（＊.epd）、（＊.zw9），此处选择模板类型（＊.ept），模板选择"IEC_tpl003.ept"，这些项目文件格式和模板有什么区别呢？这里简单介绍几个格式和模板的选择方式。

几种主要项目文件格式：

＊.elk：编辑的 EPLAN 项目。

＊.ell：编辑的 EPLAN 项目，带有变化跟踪。

＊.elp：压缩成包的 EPLAN 项目。

＊.els：归档的 EPLAN 项目。

＊.elx：归档并压缩成包的 EPLAN 项目。

＊.elr：已关闭的 EPLAN 项目。

＊.elt：临时的 EPLAN 参考项目。

EPLAN 项目模板的含义和区别：

GB_tpl001.ept：带 GB（国标）标准标识结构的项目模板。

GOST_tpl001.ept：带 GOST 标准标识结构的项目模板。

IEC_tpl001.ept：带 IEC 标准标识结构的项目模板；带有高层代号和位置代号的页结构。

IEC_tpl002.ept：带 IEC 标准标识结构的项目模板；带有对象标识符和文档类型的页结构。

IEC_tpl003.ept：带 IEC 标准标识结构的项目模板；带有高层代号和位置代号以及文档类型的页结构。

IEC_tpl003_sample_project.ept：在示例项目 ESS_Sample_项目基础上的项目模板。

NFPA_tpl001.ept：带 NFPA 标准标识结构的项目模板。

Num_tpl001.ept：带顺序编号的标识结构的项目模板。

（3）项目新建后，自动弹出项目属性界面，此处可以填写项目属性信息和项目结构的搭建，填写后单击【确定】，这时在页导航器部分可以看到新建的项目"EPLAN Electric test"已经存在，此时项目还是一个空项目，项目是页组成的，因此接下来要给项目新建"页"，选中项目右键【新建】，弹出新建页的界面，如图 4-2 所示。

1）完整页名。单击右侧 ⌷…⌷，得到图 4-3 界面，可填写该页应属于的高层代号、位置代号、文档类型。

2）页类型。EPLAN 中含有多种类型的图纸页，各种类型页的含义和用途不同。为了方便区别，每种类型的页前都有不同图标以示区别。电气工程的图纸主要是单线原理图和多线原理图，自控仪表的逻辑图为管道及仪表流程图，流体工程的逻辑图为流体原理图。这些页类型在不同的使用情况下选择对应的页类型，如表 4-3 所示。

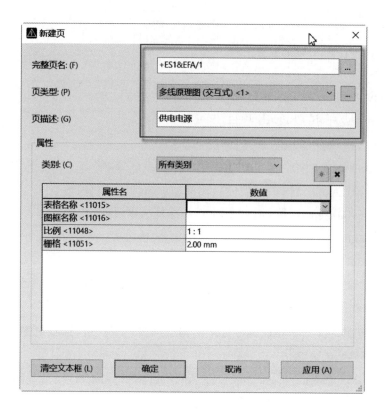

图 4-2　新建页

图 4-3　完整页名

表 4-3　页类型以及功能描述表

页　类　型	页类型功能描述
安装板布局（交互式）	安装板布局设计
单线原理图（交互式）	单线原理图是功能的总览，可与原理图相互转换、实时关联
多线原理图（交互式）	电气工程中的电路图
管道及仪表流程图（交互式）	仪表自控中的管道及仪表流程图
流体原理图（交互式）	流体工程中的原理图
模型视图（交互式）	基于布局空间 3D 模型生成的 2D 绘图
图形（交互式）	自由绘图，没有逻辑成分
拓扑（交互式）	针对二维原理图中的布线路径网络设计
外部文档（交互式）	可连接外部文档（如 MS Word 文档或 PDF 文件）
预规化（交互式）	用于预规划模块中的图纸页
总览（交互式）	功能的描述，对于 PLC 卡总览、插头总览等

3）页描述。描述此多线原理图的功能，例如 "380V 电源供电"。

（4）页的操作。在左侧页导航器选中页右键，可以发现对页的操作很多，有页的 "新建" "打开" "在新窗口中打开" "关闭" "剪切" "复制" "粘贴" "删除" "重命名" "编号" "创建页宏" "插入页宏" "预选列表" "详细选中" "配置显示" "表格式编辑" "属性" 等，基本满足工程设计对项目中页的所有要求。

4.3.2　EPLAN Electric P8 面向对象、图形设计

所谓面向对象的设计就是在图形设计的基础上把设备变成设计对象，以设备为单位对其命名、选型、赋予功能描述等。

所谓面向图形的设计就是基于传统的设计方法，插入和调用标准的符号库，从项目图纸的原理图首页到结束，用图形符号构建工程项目的逻辑。

本小节重点介绍对象设计的符号、元件、设备的概念和图形设计的几个基本功能，结构盒、黑盒、PLC 盒的概念，T 节点的含义和自动连线。

（1）插入符号。通过菜单【插入】>【符号】，弹出 "符号选择" 对话框，如图 4-4 所示。

（2）在菜单符号库中选择要插入的符号，按 "确定" 按钮插入至原理图。

（3）元件。符号插入至原理图中后便成为元件，双击所插入的符号可以更改其属性。以插入一个端子为例，双击或右键选择属性，如图 4-5 所示。此时可以更改端子属性，例如端子的显示设备标识符、描述、功能文本等，也可以选择相应属性在原理图上的显示形式，部件选型和符号数据/功能数据的调整。

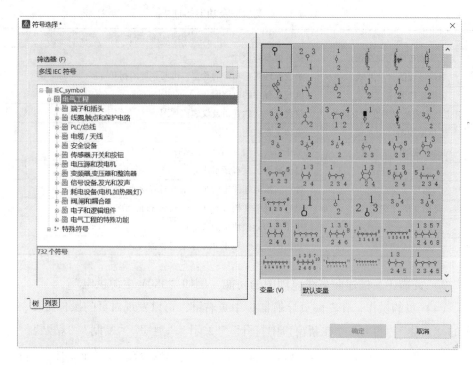

图 4-4　符号选择

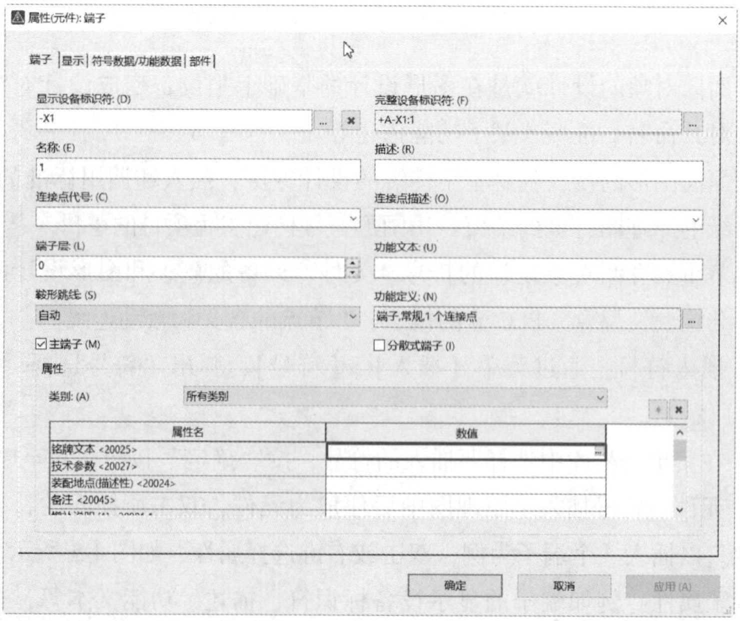

图 4-5　端子（元件）属性

（4）设备。设备是由一个或多个元件组成。例如接触器线圈和触点，此时一个接触器设备由线圈和触点两个元件组成。设备有且只有一个主功能，主功能在部件处可以选型和填写型号数量。功能文本也可以在设备的不同元件之间同步使用，并可以在原理图上自动显示同一设备不同元件之间的关联参考，迅速找到其关联元件的位置。如图4-6所示，–Q1的常开触点上显示–Q1线圈所在原理图的位置，且可以按大写"F"从触点跳转至它的主功能线圈。

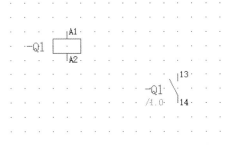

图4-6　设备不同元件关联参考

（5）结构盒。结构盒可以赋予其内部设备的结构内容，从而来区分同一页原理图上不同位置设备的定义。例如在位置代号+A柜内的多个设备在实际安装时其实是在柜外，那么我们可以通过给该设备加一个结构盒来定义其位置在柜外而不在柜内。

通过菜单【插入】>【盒子/连接点/安装板】>【结构盒】，在原理图上选中想要赋予结构位置的多个设备，从左至右、从上到下拖拽如图4-7所示电动机，弹出界面把+A的位置代码改成+B，那么该柜A外安装的电动机此时便从错误的位置+A变成了+B（定义为现场）。

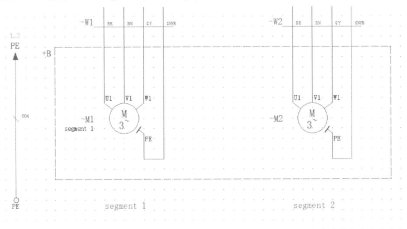

图4-7　原理图中的结构盒

（6）黑盒。黑盒是由图形元素组成，代表物理上存在的设备。通常用黑盒描述标准符号库中没有的符号。在 EPLAN 中，可以制作黑盒并赋予黑盒功能定义或组合黑盒。

（7）PLC 盒。EPLAN 中用 PLC 盒子描述 PLC 系统的硬件表达，例如：数字输入/输出卡、模拟输入/输出卡、通信模块等。

（8）T 节点。T 节点是多个设备连接的逻辑表示，通过多种方向类型的 T 节点，EPLAN 可以展示设备之间的连接方式。

4.3.3 EPLAN Electric P8 电缆和端子连接

（1）执行【插入】>【电缆定义】命令，使电缆定义符号附在鼠标上，在想要赋予电缆的连接上，从左侧单击后拉伸至最右，电缆要与连接有交叉，此时连接上便自动赋予了电缆的芯线，如图 4-8 所示。电缆可定义、可选型、可编号、可编辑。

（2）端子。端子是辅助功能，当多个高度分散的端子组成一个设备，此设备便成了端子排，在原理图中插入了一排端子后，打开端子导航器，右键选择生成端子排定义，便可管理端子排和赋予端子排功能定义，如图 4-9 所示。

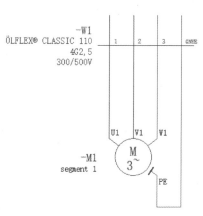

图 4-8　原理图中的电缆

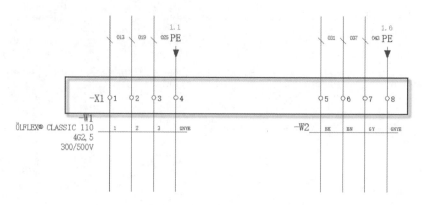

图 4-9　原理图中的端子排

4.3.4　EPLAN Electric P8 安装板设计

电气工程师绘制好原理图后，在安装板上对电气设备进行合理的布局，如元器件的放置、线槽和导轨的布置、元器件的安装尺寸和开孔数据的确定等，此功能使得电气柜生产制造的效率提升，EPLAN 的安装板布局清晰准确。如图 4-10 是一个成型的安装板布局，通过设备名称和对应的箱柜设备清单，生产员工可以迅速找到对应的安装部件，根据部件尺寸大小及时发现布局是否合理，另外还有尺寸标记来辅助精准找到导轨、线槽、开孔等安装位置。

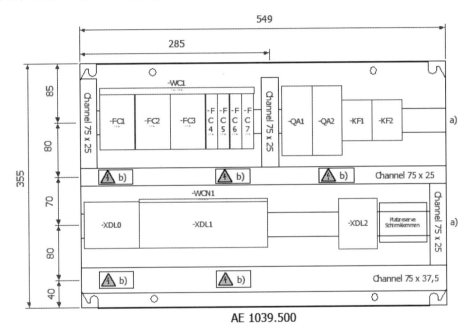

图 4-10　安装板示例

下面简单介绍 EPLAN Electric P8 的安装板设计步骤：

（1）放置安装板。EPLAN 的安装板布局必须在此页页类型为"安装板布局＜交互式＞"这个大前提下，通过【插入】>【盒子/连接点/安装板】>【安装板】放置。

（2）在安装板上放置组件。通过【项目数据】>【设备/部件】>【2D 安装板布局导航器】打开所有项目中可布局的设备导航器，在安装板"2D 安装板布局导航器"处右键，安装版在设计时有很多操作可以设置。

（3）放在安装板上/放在安装导轨上。在安装板上放置组件时将区分单个放置、多个放置和锁定区域放置。对此必须将每个组件/设备的安装间隙存储在部件数据中，以便设备隔板不重叠放置，而是并列放置。多次放置时，将自动考虑净安装尺寸，否则单独放置和多次放置将相同。

（4）设置。设置部件放置在安装板上时的放置信息，如图 4-11 所示，包含放置方向、角度、基准点和尺寸依据部件宏内的尺寸信息还是手动输入信息。

（5）锁定区域。绘制锁定区域可将安装板上的平面锁定用于定位，这样在此平面上就无法进行部件放置。锁定区域是独立的对象，将其绘制成长方形。

（6）显示配置。如图 4-12 所示，编辑和显示部件放置属性可互相固定单独放置的属性，从而形成一个共用块；这样就可在移动时一次性移动所有（所需）文本，并防止多行文本与其他文本重叠。

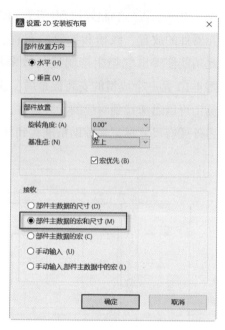

图 4-11　设置 2D 安装板布局

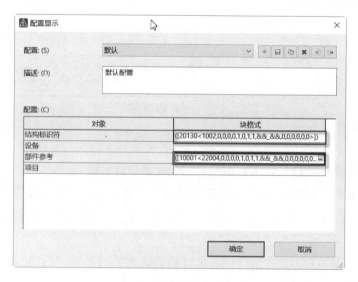

图 4-12　安装板显示配置

（7）转到（图形）。此功能是一个跳跃功能，在跳跃功能的帮助下，一特定组件的所有被关联参考的"部分"都被跳过，这里被跳过的始终是主功能。

（8）编辑图例位置。编辑图例位置是对安装板的部件放置进行修改时将图例位置重新编号。

（9）更新主要组件/部件尺寸。如果先生成部件放置，再生成元件，就会出现问题，因为在放置旁会有不同数据。原则上主功能没有部件参考，因为没有一个或其他适合设备的部件放置。通过此菜单项，将所有附件的部件参考传递到主功能，这样所有应该更新的设备都必须标记在图形编辑器或安装板布局导航器里，也可以用来更新部件的尺寸，因此更新很必要。

（10）生产箱柜设备清单。一个图例中包括并显示许多信息，并且/或将图形中的信息转移到未占用的区域内。在此箱柜设备清单为功能定义的报表，即安装板的设备标识符必须明确。

若图例生成在安装板所在的同一页上，则称作窗口图例；窗口图例是可自由定位的图形对象并具有插入点和符号属性，例如设备标识符。

此外，图例可作为独立表格输出。在这种情况下，图形编辑器中的安装板布局页上无显示的图例，但显示组件的位置号码，并且不显示设备标识符。此类图例命名为页图例。

4.4　EPLAN Electric P8 工程报表生成

报表是对项目数据的总览。生成路径：【工具】>【报表】>【生成】。

可有目标地输出项目数据。可自动生成项目数据并直接输出到报表页或外部文件，例如为组件的标签。同样，可以手动将报表作为一个嵌入式报表直接放置到一个现存项目页上，例如箱柜设备清单。报表按照报表类型被划分，EPLAN 目前为项目提供的报表类型一共有 48 种，报表类型指定应为哪些同类信息组生成报表。报表类型是已确定的，无法自行定义。为格式化和结构化输出报表页和嵌入式报表，在 EPLAN 中分为功能指定的报表的报表类型、报表总览的报表类型和图形报表，必须在生成报表前为报表类型分配表格。

报表模板中可保存报表的设置。在生成新建报表时，可始终使用此设置。可完全新建报表模板或基于一个已有的报表生成报表。如果从报表模板中生成报表，则不再需要重新确定全部设置。将全部在模板中已确定的设置用于报表。报表模板的导出和导入可将报表设置保存、传输给第三方以及在其他项目中重复使用。将导出的报表模板保存为 *.xml 文件。

在可以基于报表类型生成报表之前，必须给报表类型分配一个表格。按照标准，报表的表格包含在 EPLAN 的供货范围内。分配表格路径：在报表生成界面单击【设置】>【输出为页】。如图 4-13 所示，在对应的报表类型右侧表格列，可以选择需要的表格类型。

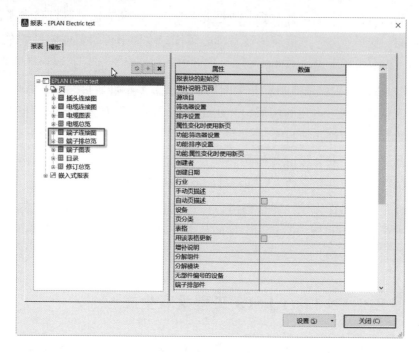

图 4-13　项目报表

EPLAN 中存在报表总览和功能指定报表的报表类型。报表总览按照标准给出多个设备的总览，例如"端子排总览"。按照标准，功能指定的报表，例如端子图表，在表头处有设备，例如端子排。附属功能在数据范围内，例如端子排的端子。

报表页在现存页结构中的排序与在此报表类型的报表设置中已确定的报表的页排序有关。

在当前已打开的项目（报表项目）中针对所谓的"源项目"的数据生成报表。在报表项目的模板选项卡中指定数据来自哪个源项目。

在随后生成报表期间，在后台以可读方式打开源项目，读取数据并在报表项目中生成报表。

"生成项目报表"时为整个项目生成报表。从所有现存报表模板中生成报表。此外，更新所有已生成的报表。如图 4-14 所示为报表生成的端子连接图。

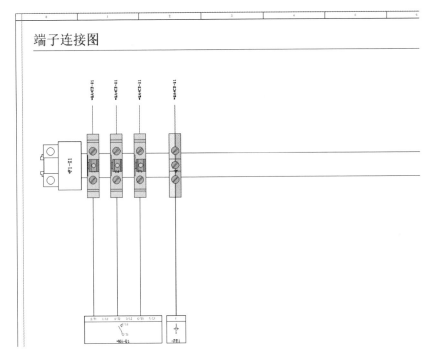

图 4-14　端子连接图

为了从更新中排除报表页，可将其冻结。冻结的报表页上的占位符文本中的项目数据不能再更新。冻结的报表页和未被冻结的报表页在页导航器中有不同的图标。

4.5　EPLAN Electric P8 工程案例

以汽车制造工程为例，对于汽车制造商来说，客户正变得越来越挑剔，而且全球都是如此：车身更轻便、款式更多样、质量更上乘。智能化的功能在汽车内也越来越普及且工程设计遭遇越来越多新的挑战：产品的生命周期更短；SOP（标准操作规程）最后期限缩短；更快的产品交付周期；更高的有效性验证等。因此，从最终客户的角度来看，为数众多且日益增加的可选项令人头疼，需要单独配置，还要与灵活的标准化流程的框架比对。

在生产流程中，数字化工厂对于有效的工厂工程尤为重要。3D 样机仿真、虚拟调试、不同变量及模块系统的仿真等，都在工程流程中起着决定性的作用。

再者，从新工厂规划设计开始到正式投产，所需要的时间已经从过去的 30 个月缩减为 18 个月。生产制造过程中，数据需要集中存放到 ERP、PDM 和 PLM 系统中，其他相关数据可能需要存储在维修和服务系统中，比如 CMMS（计算机维护管理系统）。

EPLAN 软件与服务公司长期为汽车行业和其供应商提供优质解决方案。EP-LAN 软件平台允许整车厂和供应商之间方便地进行数据交换，确保标准化的生产车间能在预期时间内规划建厂并投产。

软件平台提供的文档具有始终保持更新、数据一致性好、风格样式统一等特点，它是生产顺畅、系统无故障运行的保障。在工程项目中，设备命名方式、项目结构，甚至整个原理图都是合乎电气工程设计标准的，用户无须耗费时间在标准上，只需关注原理图的内容即可。原理图中进行的任何修改，都能在自动报表中得以体现。

以一条汽车生成线为例诠释工程案例。

4.5.1　示例项目的新建

建立一个新项目，项目名：某汽车生产车身生产线示例项目，如图 4-15 所示，补充项目属性并设置项目结构。

图 4-15　工程案例新建项目

4.5.2　示例项目页的新建

在项目中新增页，设计电气原理图，页类型"多线原理图＜交互式＞"，页描述按照本页功能描述填写，如图 4-16 所示。

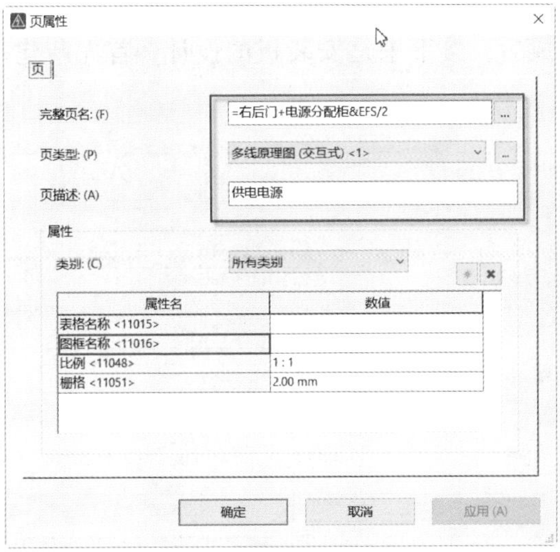

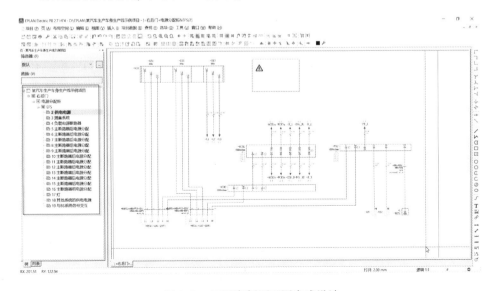

图 4-16　工程案例新建项目页

在多线原理图上设计原理图，按照设计方案和供电分配、网络分配设计原理图，并在设备导航器中选型，通过端子导航器完成端子排定义和编号、通过电缆导航器完成电缆定义和编号命名、通过 PLC 导航器完成 I/O 地址分配和功能定义等电气设计基础。

原理图设计完成，如图 4-17 所示。

图 4-17　工程案例原理图完成设计

4.5.3 示例项目安装板设计

原理图设计完成后，接下来是安装板的设计。首先新建一页用来设计安装板，如图 4-18 所示。

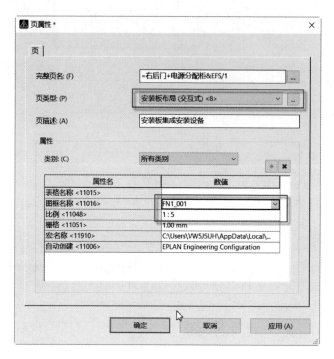

图 4-18　工程案例设计安装板页

页类型选择"安装板布局（交互式）<8>"；页比例设置成"1∶5"，在图页和安装板页上修改比例时会放大或缩小字符界面。另外也必须相应缩放图框和表格；图框处选择图框库中满足设计要求的图框。

在安装板布局页上放置安装板，并在安装板上放置组件，安装板设计完成，如图 4-19 所示。

4.5.4 示例项目报表生成

原理图和安装板设计完成后，为项目生成工程报表，完成报表生成。

不同功能的报表服务于不同工程环节，例如：端子连接图和端子图表有利于配电柜的生成安装，也有利于现场安装人员的施工接线；电缆图表有利于现场安装人员安装电缆；箱柜设备清单有利于采购元器件信息以及项目验收后客户可根据箱柜设备清单购买备件。

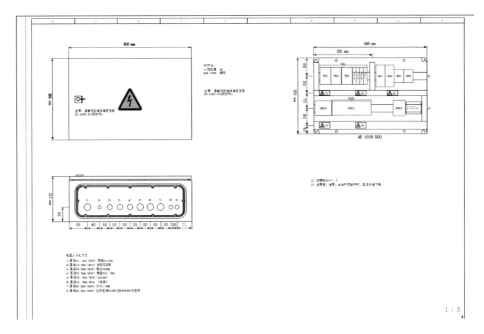

图 4-19   工程案例安装板完成设计

4.5.5   EPLAN Electric P8 设计优势

通过以上介绍，不难看出 EPLAN Electric P8 与传统的电气设计软件相比，其优势在于：

（1）操作快速、简单

EPLAN 基于窗口的用户图形界面，操作便捷且非常人性化，比如可以实现器件的自动连线，电缆、端子和器件的自动编号等，帮助用户快捷地生成设计文件。EPLAN 还有丰富的模板、符号库和器件库供用户选择，提高制图效率。

（2）国际化应用

EPLAN 是一个面向国际化应用的软件工具，允许用户按照不同国家标准和语言来设计同一个电气工程项目。EPLAN 支持所有原理图、符号和图表方面的主要标准。也支持不同语言设置，甚至可以根据用户需要在同一个文件内同时出现不同语言。

（3）高效的标准化工具

1）标准化设计，符号、图框、表格、部件库、字典等规则设置遵从国际标准。

2）标准符号库，直接调用。

3）绘图连接自动生成。

4）跨页关联/符号关联自动生成，省时无误。

5）模块化设计，EPLAN 可以利用宏技术、对典型电路图进行模块化的属性定义。

6）各种报表自动生成，项目更改后只需一键刷新。

7）页的导入/导出，DXF/DWG 格式和导出 PDF 格式的自由转化。

EPLAN 允许用户定义自己的标准，例如符号、图表或是对项目和主数据的组织。这样就可以按照用户预定或文件标准输出电气工程文件，保证了整体的效率，项目规划的时间大大缩减，同时文件质量大大提升。

第5章

EPLAN Pro Panel

5.1 EPLAN Pro Panel 简介

EPLAN Pro Panel 是 EPLAN 公司在电气工程解决方案 EPLAN Electric P8 和流体工程解决方案 EPLAN Fluid 基础上开发的一款数字化、智能化、一体化高效设计软件，该软件以 3D 虚拟数字化设计为核心，能同时提供电气工程、流体工程中元件的虚拟仿真安装布局设计、虚拟仿真电气工程布线设计、虚拟仿真流体工程布管设计等一体化解决方案。与传统设计软件相比，功能更强大、应用更丰富、使用更便捷。

采用 EPLAN Pro Panel 可以快速、轻松、准确地实现设备的 3D 布局，自动生成 2D 元件布局工艺图。

EPLAN Pro Panel 可实现精准布线，减少布线余量，从而为客户节约生产成本。

EPLAN Pro Panel NC 功能，可以自动生成 2D 钻孔视图及切口图例，实现 NC 加工的高效自动化。

EPLAN Pro Panel "智能物联" 功能，可实现同智能裁线设备、自动开孔设备、自动端子装配设备进行数据无缝传输，帮助用户打造设计、制造一体化。

同时，EPLAN Pro Panel 还可与工厂 ERP、MES 等系统实现对接，打通设计、制造物流、信息流，实现两化深度融合，助力中国智能制造 2025。

为了更快速地了解和学习 EPLAN Pro Panel 这一高效工具，对一些术语进行解释。

（1）布局空间

布局空间是 EPLAN Pro Panel 软件系统用于 3D 图形显示和编辑的三维立体空间，它的显示不取决于项目的页结构。已经在布局空间导航器中创建布局空间是使用 3D 元件的基本条件。布局空间实现了 3D 数据和功能逻辑的连接，在布局空间之中，可以添加、编辑或者放置设备。

（2）设备逻辑

3D 安装布局中用作机械或电气设备的 3D 对象，必须拥有一系列属性，以实现在安装布局中的使用。这些属性可以实现如下的功能：

1）可在布局空间中和其他对象上放置对象。

2）可将其他对象放置在 3D 对象上。

3）已放置的对象分到组件的逻辑结构中。

这些属性统称为设备逻辑。

（3）3D 安装布局导航器

在 3D 安装布局导航器中列出已在项目中存在的电气工程和流体工程以及机械设备并可用于布局空间中的放置。

在导航器中列出了全部拥有已分配部件的电气工程、流体工程和机械设备。

当原理图或设备导航器中存在一个适当的设备，则通过一个附加的图标标识已在 3D 布局空间中放置的设备。否则，已放置在布置空间内的生产设备具有特殊的标识符。

（4）布线路径

布线路径为自动或手动插入的默认路径，是自动布线时连接经过的路径。在布局空间之中，线槽为默认的布线路径，也可以插入手动布线路径、布线范围和布线切口作为布线路径。

（5）模型视图

模型视图是通过 3D 安装布局转化的标准化 2D 视图。根据细节清晰度，它们用于表示整个设备、放置部件的安装面或各个组件。

（6）2D 钻孔视图

切口图例将 3D 安装布局中直接安装于安装面上的线槽、导轨和电气设备的钻孔/切口图通过 2D 的方式展示出来，用于表示安装这些设备需要对安装面做的机械加工操作。

5.2 安装

下面以 EPLAN Pro Panel 2.7 版本介绍软件的安装过程。

打开光盘根目录文件夹或者打开安装包文件夹，找到执行文件 setup. exe，如图 5-1 所示，右击以管理员身份运行。

Preplanning Add-on (x64)	2018/1/18 13:11	文件夹
Pro Panel (x64)	2018/1/18 13:11	文件夹
Pro Panel Add-on (x64)	2018/1/18 13:11	文件夹
Services	2018/1/18 13:11	文件夹
Setup	2018/1/18 13:11	文件夹
Setup Manager (x64)	2018/1/18 13:11	文件夹
View (x64)	2018/1/18 13:11	文件夹
View Add-on (x64)	2018/1/18 13:11	文件夹
AUTORUN.INF	2003/7/24 18:56	安装信息
setup.exe	2017/7/18 13:36	应用程序

图 5-1　安装执行文件

在打开的 EPLAN 安装向导窗口中，选择 Pro Panel 的产品模块，如果是独立安装版本，则选择 Pro Panel（x64），如果是插件版本，则选择 Pro Panel Add-on（x64），如图 5-2 所示，单击继续。

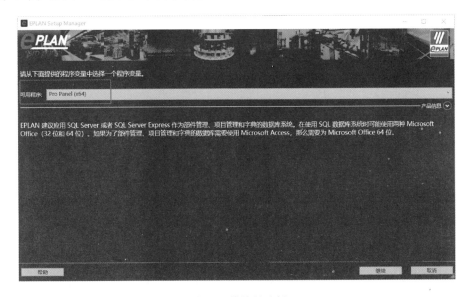

图 5-2　模块的选择

阅读许可条款并选择"我接受该许可证协议中的条款",如图 5-3 所示,单击继续。

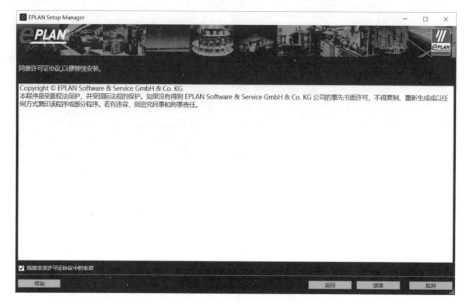

图 5-3   接受许可证条款

设置系统主数据存储路径、公司标识、测量单位、设置的保存目录等,如图 5-4 所示,单击继续。

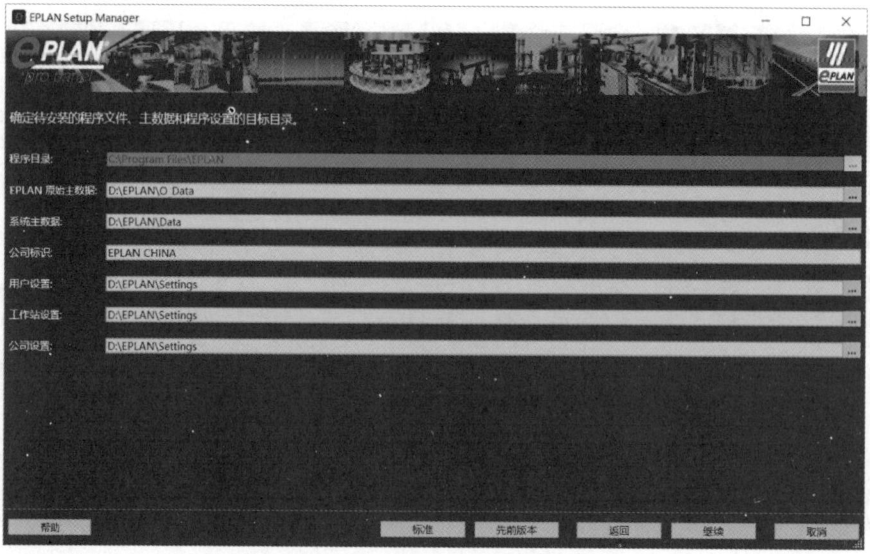

图 5-4   设置安装基本参数

确认安装的软件模块和语言包，如图5-5所示，单击安装，等待安装完成即可。

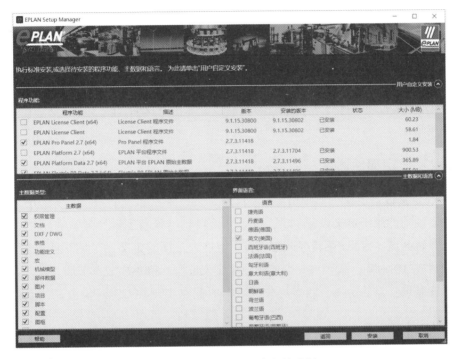

图5-5 软件模块与语言包的选择

等待安装完成，如果采用的独立安装版，安装文件将会在桌面和开始菜单创建图标用于快捷启动；如果采用的是Pro Panel Add-on（x64），则仅需要打开EPLAN Electric P8 的启动程序即可，这时 EPLAN Pro Panel 的操作和 EPLAN Electric P8 操作会集成在一个平台之中。

5.3 部件创建

EPLAN 将设备的采购、原理图绘制、生产加工等信息都集成在部件之中。为了在 EPLAN Pro Panel 中更好地布局，需要在安装布局之前完成部件的创建工作。

在设备 3D 宏制作过程之中，需要导入设备 3D 模型，并为模型定义相应的设备逻辑。这样，设备布局、接线和生产的信息都将在部件定义的时候完成。在实际使用时，仅仅需要完成设备的布局，其尺寸、接线位置、钻孔等信息将随着布局导入，从而为生产文档自动生成、自动布线、NC 加工、铜件构架等生产工作做好准备。

5.3.1 导入 3D 图形

为创建 3D 宏，可导入 3D CAD 图形数据，如图 5-6 所示。导入的格式为国际通用的格式 STEP 显示图形数据。在导入时将自动新建布局空间，其包含已导入的 STEP 文件的名称。在导入后可继续编辑图形数据并配备功能逻辑。

图 5-6　导入 3D 图形

5.3.2 设定部件信息

1. 定义设备逻辑

下列功能用于定义设备逻辑，位于【编辑】>【设备逻辑】菜单项下。

放置区域 > 定义/翻转/移动/旋转：组件上平面的定义，在此平面上自行放置和对齐 3D 对象。仅可在一个宏项目中定义、显示和编辑放置区域。

安装点：点的定义，此点可作为 3D 捕捉点实现在 3D 对象上其他元件的固定。

安装面：平面的定义，在此平面上可放置元件；由自动激活找到此平面或可有目标地激活。

基准点：点的定义，在此点上导入在光标上放置时的 3D 对象；可在放置到其他 3D 对象的 3D 捕捉点上时固定此点。

基点：点的定义，这些点上的附件可自动被放置在箱柜内固定定义的回路中。

2. 定义连接点排列样式

在大多数情况下，3D 安装布局中的设备从部件上连接点排列样式的定义中获得有关部件放置上现有连接点的信息。

通过定义连接点排列样式，可以为自动布线提供更精确的连接点位置、方向和布线方向等信息。

3. 定义钻孔排列样式

在设备部件中定义钻孔排列样式，如果将部件直接放置在安装面上，部件的钻孔信息将直接保存用于将来安装面的钻孔。

4. 定义铜件构架

构架是指为形成折弯的铜导轨而使长方形基本轮廓移动的路径。原则上，沿一个构架只能形成长方形轮廓线，无法分配其他截面形式。铜件构架的创建为铜件沿着特定轨迹折弯准备好了数据基础。

5.4 3D 安装布局

EPLAN Pro Panel 为客户的盘柜设计提供连续性的、优化的设计支持。EPLAN Pro Panel 用于选择性从 EPLAN 项目、EPLAN 部件管理或 EPLAN Data Portal 中放置电气工程和流体工程的设备。借助技术元件（如电缆槽、安装导轨、安装板或整个箱柜），可使用 EPLAN Pro Panel 在 3D 视图中以最简单的方式实现复杂的安装布局。

5.4.1 3D 安装布局设计

使用 EPLAN Pro Panel，创新的 eTouch 技术，3D 设备放置和2D 设备放置一样简单，不需要专业的 3D 机械软件基础也可以快速入门。在设备、线槽和安装导轨布局时，制造商规定的方式以及安装间距都需要考虑，确保安装正确。通过拖放式设计，所见即所得方式以最高的效率完成工程设计，通过动态干涉检查、安装条件自动检测等方式保证专业的 3D 安装布局输出，如图5-7 所示。

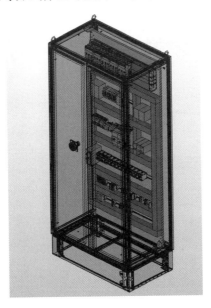

图 5-7 3D 箱柜布局

5.4.2 设计辅助

动态设计辅助工具为用户提供交互式细节，使得没有经验的用户也能方便、快速、精确地设计面板。

1. 原理图和布局图的交互

当 EPLAN Electric P8 和 EPLAN Fluid 原理图绘制完成以后，通过为原理图配置的 3D 安装布局导航器，可以实现原理图中的设备和 3D 安装布局中的设备——对应；通过导航器的筛选器，可以保证设备不会多放也不会漏放；通过简单的拖放操作即可实现安装布局的工作。如图 5-8 所示。

原理图中的设备和布局空间的设备存在一一对应的关系，如图 5-9 所示，并且可以轻松地实现 3D 布局的设备和原理图设备之间的跳转。

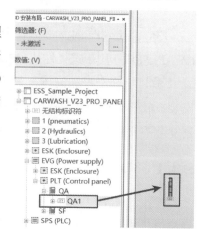

图 5-8　拖拽部件放置

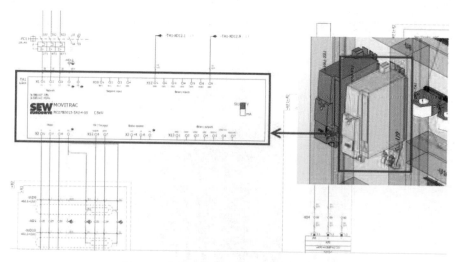

图 5-9　原理图和 3D 安装布局中设备对应

2. 连接预览

连接预览提供视觉辅助，以提示哪些设备连接在一起，以便它们能够更有效地放置在面板中。

在放置源自 3D 安装布局导航器中的设备时，连接预览是辅助工具。蓝线显示，待放置的设备在项目图中与哪些已经放置的设备进行电气连接。连接预览简化了共同所属的设备的分组并避免了不必要的长连线。连接预览示例如图 5-10 所示。

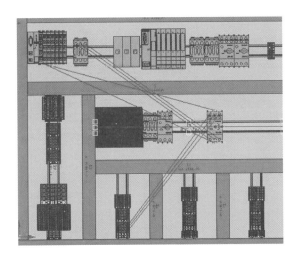

图 5-10   连接预览示例

3. 干涉检查

干涉检查用于检查部件在放置和编辑过程中是否层叠或渗透。在放置、移动、复制、旋转或延长组件时，始终进行冲突检查。形成的冲突将通过相关组件的颜色显示。所使用的颜色可通过用户选项确定。干涉检查示例如图 5-11 所示。

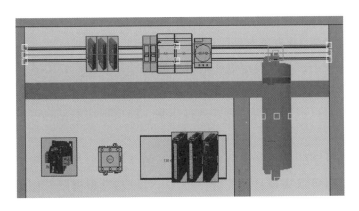

图 5-11   干涉检查示例

4. 安装间隙

通过在部件管理中定义设备安装间隙的宽度、高度和深度。此安装间隙确保可以遵守横向平铺或相互叠加放置的部件所允许的热负荷。

放置过程中，通过对安装间隙半透明的显示，可以找到设备散热理想的位置用于设备放置。在放置选项中可以结合组件边缘（默认）或安装间隙设置一个待放置部件的基准点。安装间隙示例如图 5-12 所示。

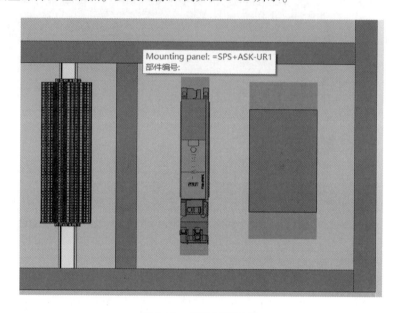

图 5-12　安装间隙示例

5. 模型视图

模型视图是标准化的视图以及在已放置部件的安装平面上的视图。通过 2D 的方式显示和绘制 3D 安装布局的内容。

通过模型视图，可以设定设备的标签和尺寸标注的默认方式，通过选项即可完成设备的标签显示和标注。通过和箱柜设备清单配合，可以将模型视图中的设备细节信息以自动表格的方式展现出来，模型视图的信息可以根据实际需要定制。

模型视图绘制的安装文档具有自动更新的功能，当布局空间中的设备布局发生改变时，其可以实现自动更新；并且，可以将模型视图做成模板，实现整个项目安装文档一键生成。模型视图示例如图 5-13 所示。

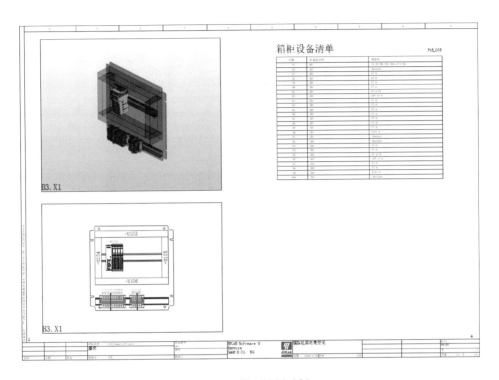

图 5-13　模型视图示例

5.5　自动布线

5.5.1　自动布线设计

根据 3D 安装布局及电气原理图之中的连接信息，EPLAN Pro Panel 可以自动决定导线和电缆的最终布线路径，并自动计算获得导线长度的信息。通过线缆的预生产方式将大大提高制造和装配效率，节省装配时间。网络的接线信息包括线缆长度、线端部处理方式以及布线路径的详尽列表，将大大简化装配人员的工作：仅仅需要将导线插入，就可以准确完成元件的配线。

当原理图设计、3D 安装布局和布线路径都设计完成以后，仅需要一键操作，就可以完成整个布线的过程。自动布线示例如图 5-14 所示。

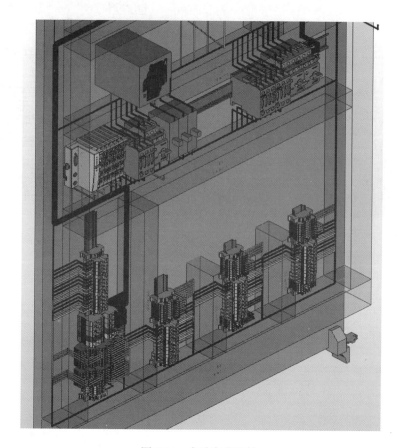

图 5-14　自动布线示例

5.5.2　设计辅助

1. 自动优化网络

为了实现最佳的设计，线缆的长度可以经过优化。通过自动优化，实现设备连接长度最短的最佳设计方案。

在进行自动优化时，网络/环形链的连接将在满足下列条件的情况下重新编排：

1）所有连接点继续连接；

2）待布线的接线总长度尽可能短；

3）一个连接点上最多存在两个连接；

4）始终生成一条环形链。

2. 槽满率

经过布线以后，所有连接经过的路径将会确定。通过对比导线的截面积和线槽的截面积，则可以计算出实时的布线路径的槽满率。槽满率通过可以设定的颜色组合来标识布线路径目前承受的负荷状态。

密实度极限和警告极限可作为项目设置进行调整，有效地避免槽内过满、过热等设计以及安全隐患。槽满率示例如图 5-15 所示。

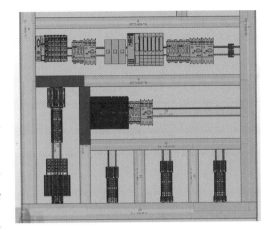

图 5-15　槽满率示例

5.6　NC 生产数据

5.6.1　NC 生产数据

在箱柜制造中安装板、门和其他可放置的箱柜组件有时候需要 NC 加工。EPLAN Pro Panel 模块包可以创建根据布局创建手动的生产文档，也可以将切口数据直接导出供 NC 设备采用。

NC 接口模块将钻孔、切口和锁定区域的坐标和尺寸以及安装板、门或侧面加工的其他生产数据直接传输至 NC 自动钻孔床和自动铣床。针对用户自定义轮廓线的 NC 制作，可以生成与所使用机器相协调的轮廓线数据集。

在完成 3D 安装布局以后，如果在部件之中已经完成了设备的钻孔排列样式定义，则 NC 生产数据将随着布局一同完成。钻孔视图如图 5-16 所示。

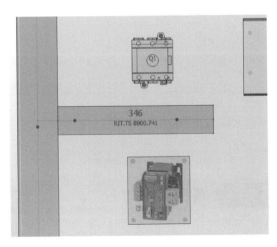

图 5-16　钻孔视图

5.6.2 设计辅助

2D 钻孔视图在一个模型视图中显示基本组件和部件的 NC 数据和钻孔数据、钻孔排列样式以及轮廓。钻孔视图可以在视图之中直接标注。通过切口图例，可以详细地表示钻孔的详细信息，切口图例的信息可以根据实际需要定制。并且，可以将 2D 钻孔视图做成模板，这样可以一次生成项目中所有箱柜所需的生产文档。

此外，EPLAN Pro Panel 可按照 1:1 的比例以 PDF 文件的形式输出部件特有的钻孔排列样式。此模板在绘图仪或大型打印机上以同等大小打印，用作安装板手动钻孔的模板。2D 钻孔视图示例如图 5-17 所示。

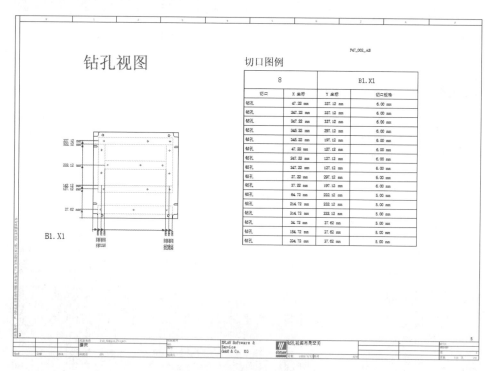

图 5-17　2D 钻孔视图示例

5.7　箱柜铜件设计

5.7.1　箱柜铜件设计

EPLAN Pro Panel Copper 模块用于箱柜中铜件的架构设计，主要可以实现如下功能：

1）在不同母线系统制造商的系统技术组件基础上，配置母线系统，例如 Rittal 公司的母线系统。

2）折弯位置的长度更改、角度更改和组合移动可通过直接在组件上移动光标完成，而无须通过参数对话框进行操作。由此可以在安装环境中进行真正的设计。

3）独特设计的铜件的制造数据将通过专用机器接口提供，并传输至定长切断机器、折弯机器、铣削机器、冲压机器乃至钻孔机器。

4）为标准化铜件设定"预制的"属性。由此可控制铜件在完成放置后无法再进行更改。

使用 EPLAN Pro Panel Copper 扩展模块，可以规划包括待弯曲铜导轨在内的个性化母线系统并调整安装位置。关于钻孔、冲压、弯曲角度和弯曲半径的所有必需数据以图纸和机器数据的形式提供给手工生产和辅助制造设备使用。定制的铜牌示例如图 5-18 所示，铜牌折弯操作如图 5-19 所示。

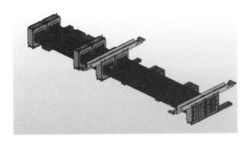

图 5-18　定制的铜牌示例

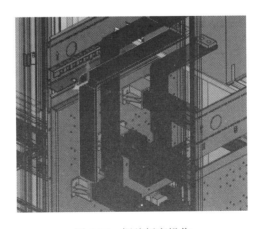

图 5-19　铜牌折弯操作

5.7.2 设计辅助

展开图为铜件的 2D 视图，以从上向下的视角显示铜件在机械折弯之前的状态。展开图被放置在图形页上。每个展开图仅显示一个铜件。由于在 EPLAN Pro Panel 中加工的铜件具有一个恒定的长方形截面，所以展开图始终将一个长方形显示为外部轮廓线。

已形成的展开图可以（类似于模型视图）在事后按比例尺进行标注和添加标签。因此，展开图是对铜件执行后续加工步骤的折弯机的技术资料。铜件机械加工的制造数据取用展开图中的信息，并由此控制 NC 机器上的生产。铜件展开图示例如图 5-20 所示。

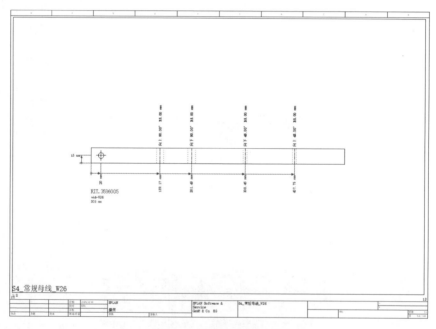

图 5-20　铜件展开图示例

5.8 箱柜散热设计

5.8.1 箱柜散热设计

EPLAN Pro Panel 的 Thermal Design Integration 模块可为规划工程师提供散热

设计方面多种应用功能、扩展的生产数据和规划决策工具用于验证规划的结果，其包含用于规划和决策工具如下：

1）确定所有设备的总损耗功率。

2）用于避免形成热巢的功率损耗密度可视化。

3）确定损耗功率分布，用于优化布置箱柜内组件。

4）到 Rittal Therm 的接口，用于设计和尺寸化空气调节组件。

通过组合应用上述的工具，可以达到以下目标：

1）简单规划和节能的空气调节解决方案散热设计。

2）考虑针对组件正确安装布置的标准。

3）符合 IEC 61439 "确保机器和设备无故障运行" 的标准化项目设计。

5.8.2 设计辅助

1. 气流方向

安装空气调节组件时，一个重要的方面便是考虑气流的走向，要求：

1）冷空气气流不能直接对准激活的组件。

2）气流不能与自通风组件的空气流方向相反。

气流方向示例如图 5-21 所示。

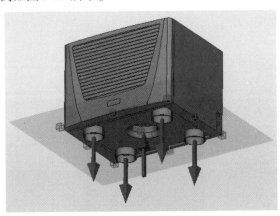

图 5-21　气流方向示例

2. 最佳空气调节区域

最佳空气调节区域展示了空调机组可根据其空气循环能力实现可靠调节的区域。在已放置的部件宏处，可以显示布局空间内最佳空气调节区域，如图 5-22所示。

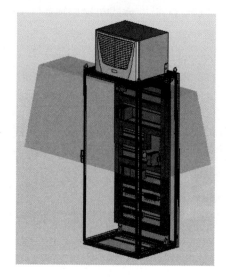

图 5-22   最佳空气调节区域示例

3. 通风技术限制区

可以在部件上由部件数据的制造商定义通风技术限制区。每个气流方向已分配限制区。限制区描述的是为了完全发挥空气调节作用而保持不受障碍影响的区域，通风技术限制区示例如图 5-23 所示。

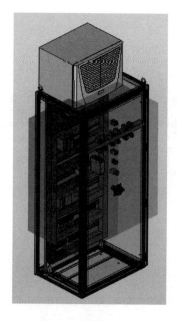

图 5-23   通风技术限制区示例

4. 功率损耗密度

由于不利的组件布置，在箱柜内产生热巢。为了可以确定项目化阶段中潜在的热巢，通过部件放置着色的方式以 5 种不同颜色等级描述这个热巢，功率损耗密度如图 5-24 所示。

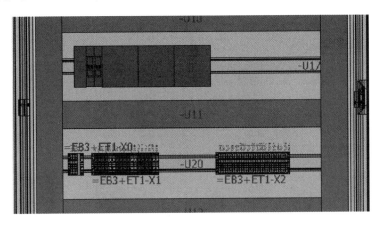

图 5-24　功率损耗密度示例

5.9　生产设备接口

EPLAN Pro Panel 可以提供机械加工所需的各种信息，如安装板、门或整个机柜的加工数据。只需轻点按钮，钻孔、攻丝及切口等信息便自动生成，并能直接传递给数控加工机床。EPLAN Pro Panel NC 插件提供标准 DXF 数据，可用于常规机床加工设备。此外，它也可通过接口将生产工艺数据直接传递到 Rittal Automation System（RAS）数据加工中心。

5.9.1　导线制备接口

通过可选接口，EPLAN Pro Panel 可以输出不同制造商接线成形自动装置的制造数据并转送给服务商。

EPLAN 将原始文件导出到线缆加工设备，自动生成线材，包括线材的压接方式、标签、捆扎等。此外可以配置和输出"一般接线材料表"。输出的文件可以由翻译这种格式的包装机用于电缆的自动定尺、做标签和芯线端成形。在一般接线材料表中包含有关设备之间的连接及其部件编号、进程和长度的信息。

通过导线制备，需要根据导线制备厂商，配置相关的参数，从而实现导线数据的自动输出，完成导线自动加工。导线制备配置界面如图 5-25 所示。

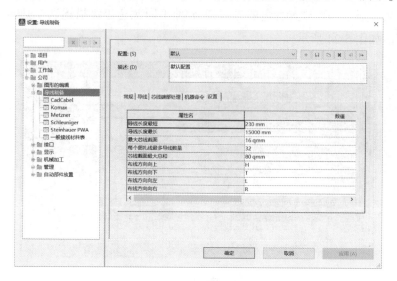

图 5-25　导线制备配置界面

5.9.2　机械加工接口

机械加工包括开孔和铜件的加工，需要根据实际的机械设备配置相关参数，配置界面如图 5-26 所示。

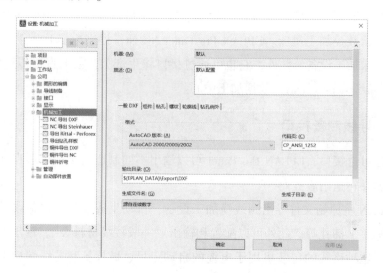

图 5-26　机械加工参数配置界面

1. NC 开孔设备接口

通过可选接口，EPLAN Pro Panel 可以生成用于机械式机械加工的制造数据，输出不同制造商 NC 加工机器的制造数据并转送给服务商，直接将数据传送到加工设备，消除错误，提高加工质量。

基于该设计，EPLAN 将输出数控机床原始钻孔数据，直接进行钻铣的加工操作。根据实际的应用场景，可以定制接口的输出格式。

2. NC 铜件设备接口

通过可选接口，EPLAN Pro Panel 可以输出不同制造商 NC 加工机器的铜导轨制造数据。Copper NC 的数据格式不受制造商限制并可由机器制造商调整。

以下导出接口的每一个都是通过独立认证的：

1）EPLAN Production Copper NC

2）EPLAN Production Copper DXF

5.10 3D 数据导出

5.10.1 3D PDF 格式

EPLAN PDF 导出包括此选项：除输出 EPLAN 项目页外，也输出项目布置空间的 3D 内容。在以 PDF 导出布局空间时，在页数据结尾为每个布局空间额外添加页。

通过可自由使用的阅读器（如 Adobe Acrobat Reader）可以显示 PDF 文件中已嵌入的 3D 数据，旋转所包含的 3D 安装布局，或在显示的模型结构中导航。相应的显示和导航功能取决于阅读器。3D PDF 导出示例如图 5-27 所示。

5.10.2 VRML 格式

VRML 导出将一个布局空间的 3D 组件的几何图形写入 VRML 格式的文件。导出的数据将作为 3D 模型在浏览器中显示，并可在浏览器中全方位旋转和缩放。

5.10.3 STEP 格式

STEP 导出将一个布局空间的 3D 组件的几何图形写入 STEP 格式的文件。只要 EPLAN 3D 宏中的主题、分析平面和卷信息可用，就会传输信息。输出的文件可以加载到第三方 CAD 系统并进行可视化。

图 5-27   3D PDF 导出示例

5.10.4   EPDZ 格式

通过将一个项目导出到一个 EPDZ 文件类型的文件中，EPLAN 可以发布一个项目。此 EPDZ 文件以打包的形式包含完整的项目结构（项目属性、页属性、布局空间属性、功能属性）。针对每个项目页包含一个带有 2D 矢量图（*.svg）的文件，针对每个布局空间包含一个带有 3D 图形数据（*.e3d）的文件。

5.11   工程案例

本章介绍一个磨床的 EPLAN Pro Panel 创建的工程案例，创建自 EPLAN 的 Sample Project。本文介绍此案例中 EPLAN Pro Panel 创建的相关内容。本案例建立的项目实现了一个磨床操作台的电气、机械、流体等学科的综合设计范例，项目模型如图 5-28 所示，下面主要介绍项目中 EPLAN Pro Panel 创建的相关内容。

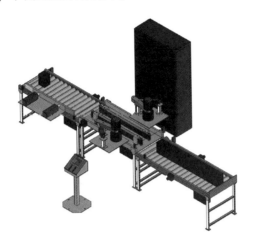

图 5-28　项目模型

5.11.1　项目中的箱柜概览

图 5-29 是项目中相关位置代号的总貌图。

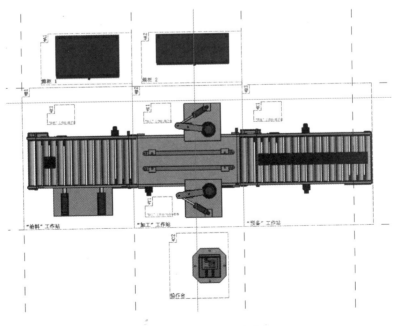

图 5-29　位置代号总览

根据上图，我们可以看到需要通过 EPLAN Pro Panel 绘制的箱柜如下：

A1：箱柜 1 主要用于电源接入与分配。

A2：箱柜 2 主要用于 PLC 供电与控制实现。

B1. X1："给料"工作站端子盒。

B2. X1："加工"工作站端子盒。

B3. X1："预备"工作站端子盒。

此外，项目还绘制了一个母线柜 A4，用于母线电源到所有其他系统电源的分配。

5.11.2 准备工作

1. 部件制作

项目中所有设备的部件都从 EPLAN Data Portal 之中下载。所有下载的部件包含连接点排列样式、钻孔排列样式和 3D 宏相关的数据信息。

在实际的工程项目中，可能有些部件需要自己创建，这时需要从 EPLAN Data Portal 之中导入厂商给定的设备 3D STEP 格式模型，定义设备的设备逻辑、连接点排列样式、钻孔排列样式等信息。

2. 原理图的绘制

本项目中原理图采用 EPLAN Electric P8 绘制，原理图中设备都已经选型，所有需要布局的设备都可以在 3D 安装布局导航器中查看到。

5.11.3 箱柜的安装布局

图 5-30 ~ 图 5-32 为各箱柜完成以后的布局图，端子盒的布局类似，下面仅展示 B1. X1 端子盒的布局图。

当完成安装板布局以后，需要创建安装文档用于指导箱柜组装。本项目中，一共有五个箱柜需要安装，为了实现一次生成安装指导文件，创建了一个使用模型视图的页宏，然后仅需单击生成报表按钮即可生成项目所需的所有模型视图。

根据实际的安装应用场景生成两种不同类型的模型视图。

1）仅包含线槽、导轨等机械设备，用于前期安装板整体布局使用。

2）不仅包含线槽、导轨，也包括实际需要安装的电气设备，用于布局完成后放置电气设备使用。

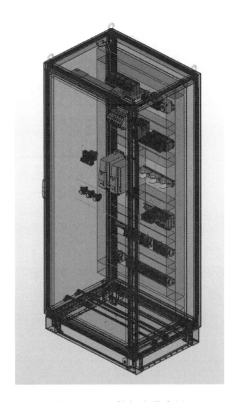

图 5-30 A1 箱柜安装布局

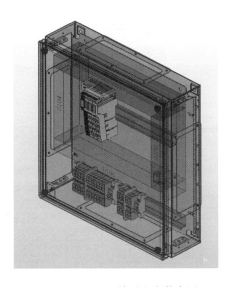

图 5-31 B1. X1 端子盒安装布局

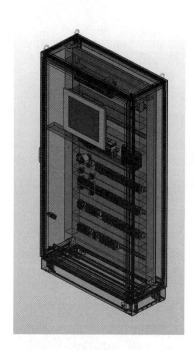

图 5-32 A2 箱柜安装布局

在实际的模型视图使用时，可以根据自己的实际情况灵活定制具体的显示设备，满足各种不同的需求。限于篇幅，下面仅展示端子盒（B2.X1）的两种不同的模型视图，如图 5-33 和图 5-34 所示。

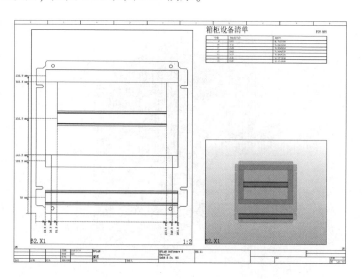

图 5-33 B2.X1 端子盒（仅含导轨/线槽）

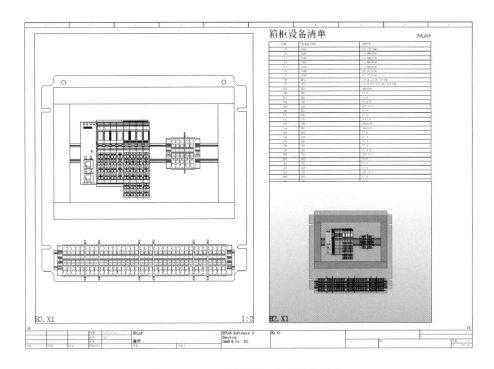

图 5-34　B2. X1 端子盒（包括电气设备）

5. 11. 4　自动布线

由于原理图和布局都已经完成，在项目中，线槽被系统识别为默认的布线路径。为了实现柜门上的设备到安装板的设备之间的走线，需要绘制柜门到安装板的手动布线路径。当所有布线路径完成以后，则可以一键生成布线路径。

当完成布线以后，所有的布线长度信息将直接和相应的连接关联，并且关于导线的起始设备、连接经过的布线路径、连接的部件编号等信息都被记录下来。

这样，我们将所有连接的信息导出用于手动接线或者自动导线制备。A2 箱柜布线后局部如图 5-35 所示。

1. 输出连接列表

手动连接列表可以通过报表的形式输出，也可以通过导出标签的形式输出到 Excel 之中。实际需要的连接列表根据实际需求定制。图 5-36 仅展示一个连接列表的实例。

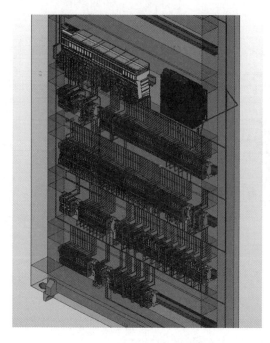

图 5-35　A2 箱柜布线后局部

连接源断/准接	源/目标设备目标连接排边的名称(完整)	源或目标目标连接排边的名称(完整)	长度 [全部]	源线缆端部处理	目标线缆端部处理	源的布线方向	目标的布线方向	线束	连接数字	布线空间; 布线选择	连接代号	描述	连接 类型代号
6	+A1-XD1:2	=GB1+A1-FC1:3	1.615 m	Stripping	End sleeve	向上向左	向上向左	1	+A1-U12;+A1-U5;+A1-U7			Multi-Standard SC 2.2
6	+A1-XD1:1	=GB1+A1-FC1:1	1.574 m	Stripping	End sleeve	向上向左	向上向左	3	+A1-U12;+A1-U5;+A1-U7			Multi-Standard SC 2.2
4	=GD1+A1-FC2:1	=GD1+A1-FC4:1/L1	0.751 m	End sleeve	End sleeve	向上向右	向上向右	5	+A1-U8;+A1-U9;+A1-U10			Multi-Standard SC 2.2
4	=GD1+A1-FC1:1	=GD1+A1-FC4:1/L1	1.377 m	End sleeve	End sleeve	向上向右	向上向右	5	+A1-U7;+A1-U6;+A1-U10			Multi-Standard SC 2.2
1.5	=GD1+A1-FC6:1:1	=GD2+A1-FC6:1:1	1.334 m	End sleeve	End sleeve	向上向右	向上向右	5	+A1-U7;+A1-U6;+A1-U10			Multi-Standard SC 2.2
4	=GD2+A1-FC6:1/L1	=MA1+A1-FC1:1/L1	1.773 m	End sleeve	Stripping	向上向右	向上向右	6	+A1-U10;+A1-U9;+A1-U8;+A1-U5;+A1-U4			Multi-Standard SC 2.2
4	=MA1+A1-FC1:1/L1	=MA2+A1-FC1:1/L1	0.455 m	Stripping	Stripping	向上向右	向上向左	7	+A1-U4			Multi-Standard SC 2.2
4	=MA2+A1-FC1:1/L1	=VA1+A1-FC1:1/L1	0.455 m	Stripping	Stripping	向上向右	向上向左	8	+A1-U4			Multi-Standard SC 2.2
4	=VA2+A1-FC1:1/L1	=VA2+A1-FC1:1/L1	0.455 m	Stripping	Stripping	向上向右	向上向左	10	+A1-U4			Multi-Standard SC 2.2
1.5	=GD1+A1-FC2:1	=GD2+A1-FC6:3/L2	1.502 m	End sleeve	End sleeve	向上向右	向上向右	11	+A1-U7;+A1-U6;+A1-U10			Multi-Standard SC 2.2
4	=GD2+A1-FC6:3/L2	=MA1+A1-FC1:3/L2	1.785 m	End sleeve	Stripping	向上向右	向上向右	12	+A1-U10;+A1-U6;+A1-U4			Multi-Standard SC 2.2
4	=MA1+A1-F81:3/L8	=MA8+A1-F88:8/h8	8.155 m	Stripping	Stripping	向上向右	向上向右	13	+A1-U5			Multi-Standard SC 2.2
4	=MA2+A1-FC1:3/L2	=VA8+A1-FC1:3/L2	0.455 m	Stripping	Stripping	向上向右	向上向左	14	+A1-U4			Multi-Standard SC 2.2
4	=VA1+A1-FC1:3/L2	=MA3+A1-FC1:3/L2	0.455 m	Stripping	Stripping	向上向右	向上向左	15	+A1-U4			Multi-Standard SC 2.2
4	=VA2+A1-FC1:3/L2	=MA3+A1-FC1:3/L2	0.455 m	Stripping	Stripping	向上向右	向上向左	16	+A1-U4			Multi-Standard SC 2.2
6	+A1-XD1:3	=GB1+A1-FC1:5	1.657 m	Stripping	End sleeve	向上向左	向上向左	17	+A1-U12;+A1-U5;+A1-U7			Multi-Standard SC 2.2
1.5	=GD1+A1-FC8:1	=GD2+A1-FC6:5/L3	1.27 m	End sleeve	End sleeve	向上向右	向上向右	18	+A1-U7;+A1-U6;+A1-U10			Multi-Standard SC 2.2
4	=GD2+A1-FC6:5/L3	=MA1+A1-FC1:5/L3	1.756 m	End sleeve	Stripping	向上向右	向上向右	19	+A1-U10;+A1-U6;+A1-U4			Multi-Standard SC 2.2
4	=MA1+A1-FC1:5/L3	=VA1+A1-FC1:5/L3	0.455 m	Stripping	Stripping	向上向右	向上向左	20	+A1-U4			Multi-Standard SC 2.2
4	=MA2+A1-FC1:5/L3	=VA1+A1-FC1:5/L3	0.455 m	Stripping	Stripping	向上向右	向上向左	21	+A1-U4			Multi-Standard SC 2.2
4	=VA2+A1-FC1:5/L3	=MA3+A1-FC1:5/L3	0.455 m	Stripping	Stripping	向上向右	向上向左	22	+A1-U4			Multi-Standard SC 2.2
6	+A1-WE1:3	+A1-XD1:7	1.145 m	Stripping	Stripping	向下向右	向上向左	24	+A1-U28;+A1-U29;+A1-U30;+A1-U31;+A1-U32;+A1-U13;+A1-U4			Multi-Standard SC 2.2
6	+A1-WE1:1	+A1-XD1:6	1.006 m	Stripping	Stripping	向下向右	向上向左	25	+A1-U27;+A1-U30;+A1-U31;+A1-U32;+A1-U13;+A1-U4;+A1-			Multi-Standard SC 2.2
1.5	=GB1+A1-PF1:1:1	=GB1+A1-TA1:4	1.314 m	End sleeve	Stripping	向下向右	向下向右	26	+A1-U7;+A1-U6;+A1-U10			Multi-Standard SC 2.2
1.5	=GB1+A1-PF1:1:3	=GB1+A1-TA1:4	1.774 m	End sleeve	Stripping	向下向右	向下向右	27	+A1-U7;+A1-U6;+A1-U10			Multi-Standard SC 2.3
6	+A1-FC2:1	+A1-XD1:4	1.75 m	Stripping	Stripping	向下向右	向上向左	28	+A1-U7;+A1-U5;+A1-U12			Multi-Standard SC 2.2
1.5	+A1-FC2:1	=GB1+A1-PF1:1:12	0.422 m	Stripping	End sleeve	向上向左	向下向右	30	+A1-U4			Multi-Standard SC 2.2
6	+A1-FC2:3	+A1-XD1:5	1.772 m	Stripping	Stripping	向下向右	向上向左	31	+A1-U7;+A1-U5;+A1-U6			Multi-Standard SC 2.2
1.5	+A1-FC2:2	=GB1+A1-PF1:1:14	0.424 m	Stripping	End sleeve	向上向左	向下向右	31	+A1-U4			Multi-Standard SC 2.2
6	+A1-FC2:3	+A1-XD1:6	1.795 m	Stripping	Stripping	向下向左	向上向左	53	+A1-U4			Multi-Standard SC 2.2
1.5	+A1-FC2:3	=GB1+A1-PF1:1:16	0.425 m	Stripping	Stripping	向下向左	向下向右	53	+A1-U28;+A1-U29;+A1-U30;+A1-U31;+A1-U32;+A1-U13;+A1-U4			Multi-Standard SC 2.2
1.5	+A1-WE2:3	=GB1+A1-PF1::3:2	2.734 m	Stripping	Stripping	向下向右	向下向右	55	+A2-U28;+A1-U30;+A1-U31;+A1-U32;+A1-U13;+A1-			Multi-Standard SC 2.2
1.5	+A1-WE2:2	=GB1+A1-PF1::3:18	2.593 m	Stripping	Stripping	向下向右	向下向右	56				Multi-Standard SC 2.2
1.5	+A2-XD2:1	=KF1+A2-FC9:1	1.555 m	End sleeve	Stripping	向下向右	向下向左	56	+A2-U10;+A2-U5;+A2-U4			Multi-Standard SC 2.2

图 5-36　连接列表实例

2. 输出导线制备列表

如果有导线制备的加工设备，则可以直接输出至导线制备列表之中。根据设备的需求，需要配置实际的导线制备参数。

图 5-37 为导出导线制备列表的对话框。

图 5-37　导线制备导出

导出文件内容部分展示如图 5-38 所示。

	A
1	1|GNYE|6|+A1-WE1:1|+A1-XD1:8|1006|End sleeve|Stripping|DL|0||+A1-27;+A1-30;+A1-31;+A1-32;+A1-U13;+A1-U5;+A1-U12
2	2|GY|75|+A2-XD7:1|=F01+A2-KF1:A1|2346|Stripping|End sleeve|DL|UL|0||+A2-U12;+A2-U5;+A2-U4
3	3|GY|75|+A2-XD7:3|=F01+A2-KF1:A2|2063|Stripping|End sleeve|DL|0||+A2-U12;+A2-U5;+A2-U7
4	4|BK|15|+A1-XD3:1|=GD1+A1-FC4:2/T1|473|Stripping|End sleeve|UR|DL|0||+A1-U11
5	5|BK|6|+A1-XD1:1|=GB1+A1-FC1:1|1574|Stripping|End sleeve|UL|UL|0||+A1-U12;+A1-U5;+A1-U7
6	6|BK|4|=GB1+A1-FC1:2|=GD1+A1-FC4:1/L1|751|End sleeve|End sleeve|DL|UL|0||+A1-U8;+A1-U9;+A1-U10
7	7|BK|4|=GD1+A1-FC1:1|=GD1+A1-FC4:1/L1|1377|End sleeve|End sleeve|UR|UR|0||+A1-U8;+A1-U9;+A1-U10
8	8|BK|15|=GD1+A1-FC1:1|=GD2+A1-FC6:1/L1|1334|End sleeve|End sleeve|UR|UR|0||+A1-U7;+A1-U6;+A1-U10
9	9|BK|4|=MA1+A1-FC1:1/L1|=GD2+A1-FC6:1/L1|1773|Stripping|End sleeve|UL|UL|0||+A1-U10;+A1-U9;+A1-U8;+A1-U5;+A1-U4
10	10|BK|4|=MA1+A1-FC1:1/L1|=MA2+A1-FC1:1/L1|455|Stripping|Stripping|UL|UR|0||+A1-U4
11	11|BK|4|=VA1+A1-FC1:1/L1|=MA2+A1-FC1:1/L1|455|Stripping|Stripping|UL|UR|0||+A1-U4
12	12|BK|4|=VA1+A1-FC1:1/L1|=VA2+A1-FC1:1/L1|455|Stripping|Stripping|UR|UL|0||+A1-U4
13	13|BK|4|=MA3+A1-FC1:1/L1|=VA2+A1-FC1:1/L1|455|Stripping|Stripping|UL|UR|0||+A1-U4
14	14|BK|6|+A1-XD1:2|=GB1+A1-FC1:3|1615|Stripping|End sleeve|UL|UL|0||+A1-U12;+A1-U5;+A1-U7
15	15|BK|6|+A1-XD1:3|=GB1+A1-FC1:5|1657|Stripping|End sleeve|UL|UL|0||+A1-U12;+A1-U5;+A1-U7
16	16|BU|6|+A1-WE2:1|+A1-XD1:7|1145|End sleeve|Stripping|DL|UL|0||+A1-28;+A1-29;+A1-30;+A1-31;+A1-32;+A1-U13;+A1-U5;+A1-U12
17	17|BU|15|+A1-WE2:2|=GB1+A1-PF1:I3:2|2734|End sleeve|End sleeve|DL|UL|0||+A1-28;+A1-29;+A1-30;+A1-31;+A1-32;+A1-U13;+A1-U5;+A1-U4
18	18|GNYE|15|+A1-WE1:2|=GB1+A1-PF1:I3:18|2593|End sleeve|End sleeve|DL|UL|0||+A1-27;+A1-30;+A1-31;+A1-32;+A1-U13;+A1-U5;+A1-U4
19	19|BK|15|+A1-XD2:4|=E01+A1-XD1:L|1802|Stripping|End sleeve|DR|DR|0||+A1-U12;+A1-U6;+A1-U7
20	20|BU|6|+A1-XD2:6|=E01+A1-XD1:N|1776|Stripping|End sleeve|DR|DR|0||+A1-U12;+A1-U6;+A1-U7
21	21|GNYE|15|+A1-XD2:5|=E01+A1-XD1:PE|1775|Stripping|End sleeve|DR|DR|0||+A1-U12;+A1-U6;+A1-U7
22	22|BU|6|+A1-WE2:5|+A1-XD2:6|1433|End sleeve|Stripping|DL|UL|0||+A1-28;+A1-29;+A1-30;+A1-31;+A1-32;+A1-U13;+A1-U5;+A1-U11
23	23|BU|6|+A1-WE2:3|+A1-XD2:3|1395|End sleeve|Stripping|DL|UL|0||+A1-28;+A1-29;+A1-30;+A1-31;+A1-32;+A1-U13;+A1-U5;+A1-U11
24	24|BN|15|=GB1+A1-PF1:I1:1|=GB1+A1-TA1:2|1314|End sleeve|Stripping|DR|DR|0||+A1-U7;+A1-U6;+A1-U10

图 5-38　导线制备导出内容

5.11.5　NC 生产数据

1. 2D 钻孔视图

如果设备部件上已经定义了钻孔相关数据，则可以通过 EPLAN Pro Panel 软件输出实际的钻孔文档，满足安装需求。当设备安装于导轨之上时，不需要针对设备对安装板钻孔，仅需要对安装板或者导轨钻孔即可。

同样，2D 钻孔视图可以通过自动模板创建，创建的方式和模型视图模板的创建方式类似。整个项目的 2D 钻孔视图因此可以一键生成。

下面仅展示 A1 箱柜柜门的 2D 钻孔视图，如图 5-39 所示。

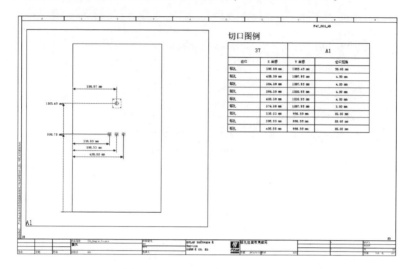

图 5-39 A1 柜门的 2D 钻孔视图

2. 导出至机械加工

NC 生产数据可以通过各种方式导出至设备直接机械加工。机械设备读取的导出数据自动实现安装板和门等组件的机械加工。导出前需要根据实际情况配置，图 5-40 为 A2 柜门导出的 DXF 机械加工的界面。

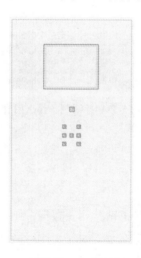

图 5-40 导出的 DXF 机械加工界面

5.11.6　铜件生产数据

完成折弯设计的铜件可以创建铜件展开图用于展示折弯机对铜件后续加工的步骤。铜件机械加工的制造数据取用展开图中的信息，并由此控制 NC 机器上的生产。

1. 铜件展开图

铜件展开图也可以采用报表的形式创建，通过一个模板，一键生成项目所需的所有铜件展开图，如图 5-41 所示。

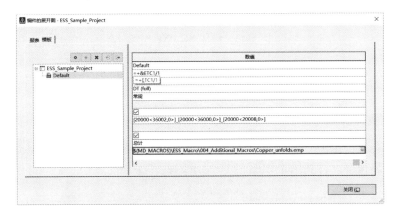

图 5-41　铜件展开图模板

图 5-42 展示了 A4 箱柜中其中一个铜件的展开图示例。

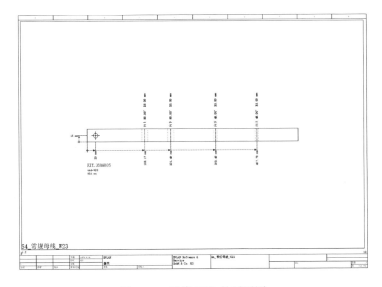

图 5-42　母线 W23 的展开图

2. 导出铜件 NC

铜件导出 NC 加工的方式可以根据加工设备定制，图 5-43 展示了导出 DXF 时的实例。

图 5-43　铜件 NC DXF 导出

5.11.7　箱柜散热设计

1. 热损耗计算与分析

在完成布局以后，为了确定箱柜的散热损耗，项目中计算了 A1、A2、A4 箱柜的散热损耗。计算结果如图 5-44 所示。

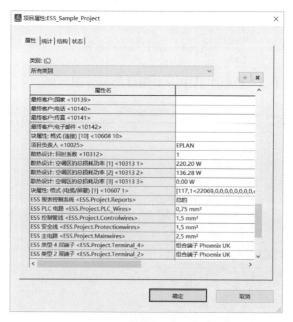

图 5-44　箱柜热损耗计算

通过计算可以发现箱柜 A1 耗热量最大，我们可以分析它的功率损耗密度分布，从而确定发热量最大为柜中的变频器，如图 5-45 所示。

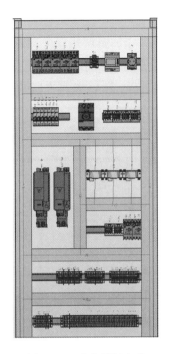

图 5-45　功率损耗密度

2. 空调选型

在 EPLAN Data Portal 之中可以输入热损耗和机柜部件编号，通过 Rittal Therm Selector 将会匹配可选的空调类型并可以在其中对空调选型，如图 5-46 所示。

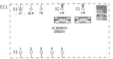

图 5-46　空调选型

3. 空调附件调整

我们将空调安装在箱柜上，添加空调接线原理图并计算空调导线长度。通过专业的空调工程师对导热布局的调整来确定最佳的空调安装位置和空调附件配置，从而获得最佳的冷却效果。图 5-47 为 A1 箱柜选型的空调安装之后的一个示例。

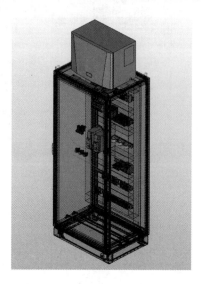

图 5-47　空调安装后效果图

5.11.8　设计者受益

1. 3D 仿真布局

通过 3D 仿真布局将给设计者带来如下收益：

1）通过 3D 仿真布局可以制造和实体设备一样的仿真模型。

2）3D 布局操作如同 2D 布局一样轻松简单，无须太高的机械制图基础。

3）设备、线槽、导轨都可以快速、精确在安装面上放置，包括机柜的所有表面，如在柜门放置电流表、按钮，在柜顶放置空调等，都十分轻松简单。

通过 3D 仿真布局将会带来的潜在收益：

1）通过仿真布局，可以获得将来生产所需的详细信息，避免材料等资源的浪费。

2）通过仿真布局，可以获得需要建立实体箱柜才能得到的各类信息，节省时间和成本。

2. 数据的同步

通过数据的同步，可以实现原理图和 3D 安装布局图的数据一致性，通过 3D 安装布局导航器，仅仅通过简单的拖拽方式即可实现轻松布局。

3. 自动布线

通过布线路径，根据已有的连接信息完成自动布线的工作，导线长度自动获得。

4. NC 钻孔加工

NC 钻孔信息在布局时已经完成，无须后期重绘 NC 钻孔信息。

5. 动态辅助功能

安装布局时动态辅助功能帮助设计者简单、快速、准确地完成布局。

1）连接预览显示出连接的设备，可以实现更有效的设备放置。

2）干涉检查避免了元件放置以后出现冲突。

6. 铜件生产

铜件生产可以实现快速简单的铜件母线制造。

1）通过所见即所得的方式，实时编辑铜件。

2）完成的铜件可以输出完整的生产文档指导生产。

3）可以直接输出到加工设备来实现自动加工。

第6章
EPLAN Harness proD

6.1 EPLAN Harness proD 简介

如图 6-1 所示，线束用于将各电气设备所用的不同规格、不同颜色的电线通过合理的安排，将其合为一体，并用绝缘材料把电线捆扎成束，其目的是便于安装、维修，确保电气设备能在最恶劣的条件下工作，这样既完整，又可靠。

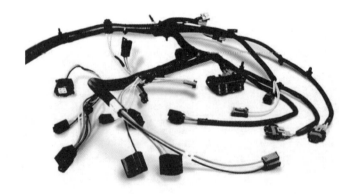

图 6-1　线束

线束是当今电子化、信息化时代行业中发展最快，市场需求量最大，安装最为方便的产品之一。从普及的家用电器到通信设备、计算机及外部设备，以及安防、太阳能、汽车和军用仪器设备等均广泛采用线束。

传统的布线工艺，首先对完成的设备或样机进行预布线处理，完整地把整套线束从设备或样机上拆卸下来，进行局部拍照，在图片上编辑点位，对图片拼接处理，完成 1:1 预布线图纸，并进行小批量验证后才能正式批量使用，导致产品生产周期过长，不能及时交付，且质量得不到保证，浪费大量时间与金钱。

而 EPLAN Harness proD 作为一种独特、独立的易用解决方案，可以高效且快速地创建 3D 线束、2D 钉板图、电缆图纸和报表。

基于最新的技术，EPLAN Harness proD 可确保用户使用市场上最新的线束软件技术，使线束设计不受机械原型可用性的影响。直接使用 3D MCAD 模型将显著降低开发成本，同时通过缩短开发周期而节省时间和金钱。

为了全面理解 EPLAN Harness proD Studio 的用途和所有功能，首先定义在下列主题中使用的一些术语。

6.2 库

库是一种结构，包含适于在 EPLAN Harness proD Studio 中使用的部件（库对象）。可以通过 EPLAN Harness proD Library 来创建和管理库。

6.3 连接

建立要连接到某个库，EPLAN Harness proD Studio 应用程序使用包含所需信息的特殊文件，文件扩展名为 *.hxcn 的文件称为"连接"，如图 6-2 所示。

提示：

连接存储在 Documents \ < EPLAN Harness proD 版本 > \ Connections 目录中

File name: Demo ⌄ | 库连接 (*.hxcn) | ⌄

图 6-2　连接

6.4 项目

项目是 EPLAN Harness proD Studio 的主要对象，一个项目的结构包含以下组件，如图 6-3 所示。

1）变量：变量通常表示将为其规划线束的设备的各种"机械"配置。还可以定义每个变量的"电气"配置。

2）工作区：工作区是一个 3D 环境，在此环境中，将加载机械 3D 模型并执行线束设计。随后 3D 模型将作为钉板图、电缆图纸和报表等输出的来源。

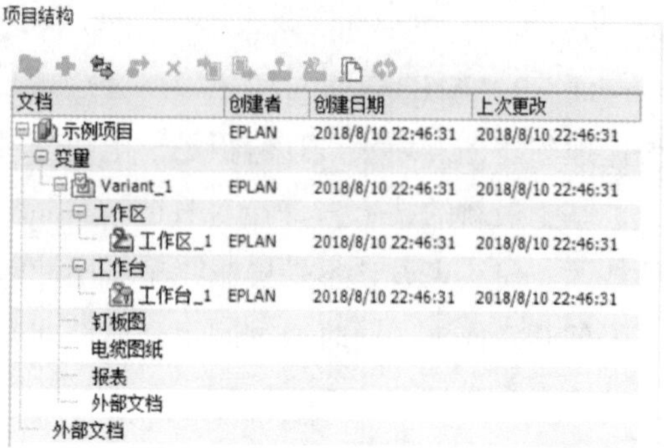

图 6-3　项目结构

3）工作台：工作台环境主要侧重于线束设计。它使您可以通过模仿 2D 制造图纸来设计线束，而不必为 3D 机械模型所困扰。它基本上是一个锁定了 Z 轴的 3D 环境，但是 Z 轴未完全锁定。如果需要，按住【Shift】键，可以轻松将工作台设计转换为工作区环境。

4）钉板图：钉板图环境根据所选的 3D 工作区/工作台来创建 2D 钉板图，方法是将 3D 线束平面化为 2D 图纸，从而准备线束的最终布局。然后，这些布局可以作为模型以用于制造。

5）电缆图纸：电缆图纸环境根据所选的 3D 工作区/工作台来创建 2D 电缆图纸，方法是将电缆单位平面化为 2D 图纸，从而准备电缆装配体的最终布局。然后，这些布局可以作为模型以用于制造。

6）报表：报表环境是一种工具，可通过所选工作区/工作台生成必要的制造报表，如导线切割列表、电缆报表、物料清单等。

7）外部文档：此选项的目的是将项目文档与项目保持在一起，可以附加任何类型的文件。外部文档可以附加到项目本身或附加到其任何变量，文档将复制到项目文件夹，且保留原始文件。

6.5 工作对象

1）连接物：连接物是一个通用术语，表示在 EPLAN Harness proD 中导线连接到的任何组件。

2）束：束是一个虚拟对象分组导线并确定其路径的形状。束不是物理实体，因此与物料清单无关。

3）导线：导线在管脚之间提供电气连接。

4）表面保护材料：表面保护材料是附加材料，用于保护线束的表面，包括实际表面保护材料、绝缘套管、保护胶带、柔性管、编织套管和热缩管。

5）线束：线束是指导线和电缆的排列，通常包含很多分支，这些分支绑在一起或穿过橡胶或塑料套，用于将电路相互连接。

6）钉板图：钉板图用于准备最终的线束布局。然后，布局可以进一步用作制造过程的模型。

7）报表：报表主要用作部件及其互联的摘要和列表，还用于跟踪成本和订购（如果是物料清单）。

6.6　工程案例

6.6.1　新建项目

（1）单击菜单：【文件】>【新建项目】，或单击工具栏中的 按钮，如图 6-4 所示。

图 6-4　新建项目命令

（2）在弹出的"新建项目"对话框中输入项目名称，如图 6-5 所示。

图 6-5　新建项目

（3）选择项目保存位置路径，如图 6-6 所示。

 提示：

项目文件夹属性自动设置为下列条目：＜位置条目＞\ ＜名称条目＞

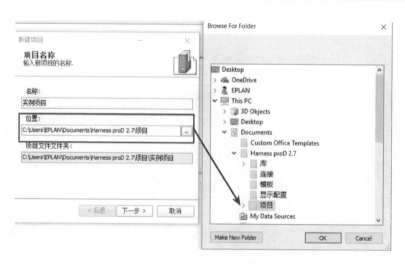

图 6-6　设置位置路径

（4）设置变量数量以及变量名称，如图 6-7 所示。

提示：

变量数量和变量名称可以在项目结构选项卡中进一步编辑。

图 6-7　变量设置

（5）连接项目库，勾选"设置默认项目库"复选框，然后单击扩展，选择需要连接的库连接，如图6-8所示。

 提示：

如果不勾选复选框，稍后可以在项目的一般信息面板中创建连接并分配库。

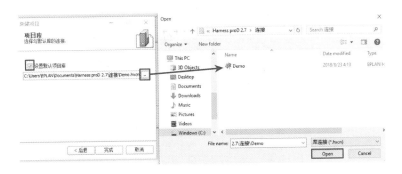

图 6-8　设置库连接

（6）默认弹出项目结构界面，如图 6-9 所示。

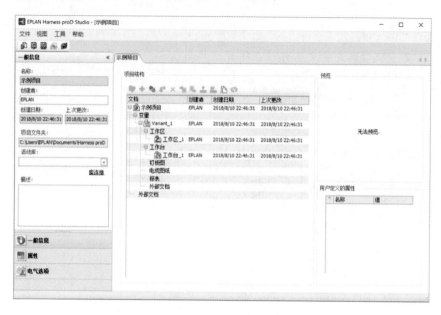

图 6-9 项目结构界面

（7）在项目结构中，双击工作区_1，激活工作区环境，弹出界面如图 6-10 所示。

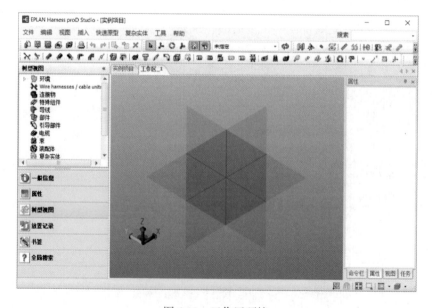

图 6-10 工作区环境

6.6.2　导入 3D 模型

EPLAN Harness proD 支持直接导入多款主流 MCAD 源文件，如 SW、Creo、CATIA 等，其支持直接导入的格式如图 6-11 所示。

```
所有支持的文件(*.*)
3DXML (*.3dxml)
ACIS Binary (*.sab)
ACIS Text (*.sat)
Autodesk 3D Studio (*.3ds)
Autodesk Inventor (*.iam;*.ipt)
CADDS (*.cadds;*.pd;*._pd)
CATIA Graphical Representation (*.cgr)
CATIA4 (*.dlv;*.exp;*.model;*.session)
CATIA5 (*.catdrawing;*.catpart;*.catproduct;*.catshape)
Collada (*.dae)
I-DEAS (*.arc;*.mf1;*.prt;*.pkg;*.unv)
IGES (*.igs;*.iges)
Industry Foundation Classes (*.ifc;*.ifczip)
JTOpen (*.jt)
KMZ (*.kmz)
Lattice XVL (*.xv3;*.xv0)
OneSpace Designer (*.bdl;*.pkg;*.sdp;*.sdpc;*.sdw;*.sdwc;*.sda;*.sdac;*.sds;*.sdsc;*.s
Parasolid (*.x_b;*.x_t;*.xmt;*.xmt_txt)
PRC 3D Reviewer (*.prc;*.prd)
Pro/ENGINEER & Creo (*.asm;*.asm.*;*.neu;*.neu.*;*.prt;*.prt.*;*.xas;*.xas.*;*.xpr;*.xpr
PRW 3D Reviewer (*.prw)
SolidEdge (*.asm;*.par;*.psm;*.pwd)
SolidWorks (*.asm;*.sldasm;*.sldprt;*.sldlfp)
STEP (*.stp;*.step)
Stereolitography (*.stl)
Unigraphics (*.prt)
Universal 3D (*.u3d)
VRML (*.wrl;*.vrml)
Wavefront (*.obj)
```

图 6-11　EPLAN Harness proD 支持直接导入的格式

（1）在工作区环境下，导入机械 3D 模型，单击菜单：【插入】>【导入 3D 模型】，或者单击工具栏中的 按钮，如图 6-12 所示。

图 6-12　导入 3D 模型操作

（2）选择需要导入的 3D 模型，然后单击【Open】按钮，如图 6-13 所示。

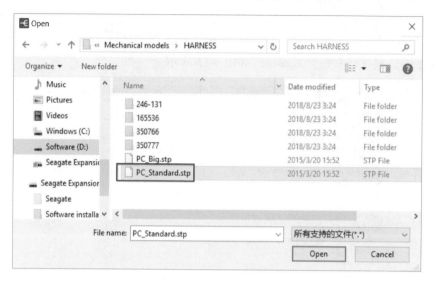

图 6-13　选择导入的模型

（3）导入的模型如图 6-14 所示。

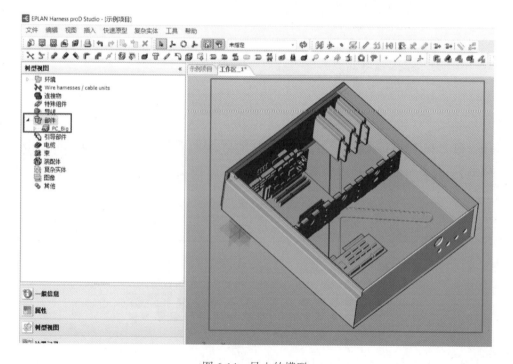

图 6-14　导入的模型

（4）模型导入后，可以通过菜单栏：【视图】>【ISO】/【左】/【右】等菜单项，如图6-15所示，或者按住鼠标中键然后拖动鼠标的方式来旋转调整模型视图。

图6-15 视图操作命令

 提示：

可使用数字键盘来快捷操作视图，其对应关系分别为：

ISO < = >5；右< = >6；左< = >4；后< = >3；前< = >1；顶< = >7；底< = >9

6.6.3 放置连接物

连接物是一个通用术语，表示在 EPLAN Harness proD 中导线连接到的任何组件。

（1）单击菜单栏：【插入】>【放置连接物】，或者单击工具栏中的 按钮，如图6-16所示。

（2）在弹出的部件浏览器中，选中【Connectors】>【ESS】>【Common】中部件名为 CON.000001 的连接物，如图6-17所示。或者直接输入部件名，然后单击右侧按钮启动搜索，选中该连接物，如图 6-18 所示。

图 6-16   放置连接物

图 6-17   选择连接物

图 6-18   直接搜索

（3）将连接物 CON. 00001 放置在如图 6-19 的平面上，放置时偏移量输入：0mm；角度输入：90°。

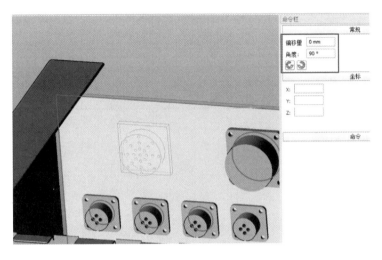

图 6-19　选择放置平面和设置放置参数

（4）通过菜单栏：【编辑】>【移动】/【旋转】，或者单击工具栏中的 ⊾ 和 ◯ 按钮来调整连接物位置，如图 6-20 所示。

图 6-20　平移和旋转操作

 提示：

在 EPLAN Harness proD 中，平移的默认快捷键是<M>；旋转的默认快捷键是<R>。用户也可通过菜单栏：【工具】>【设置】>【键盘】来更改。

（5）调整完成后的连接物位置如图 6-21 所示。

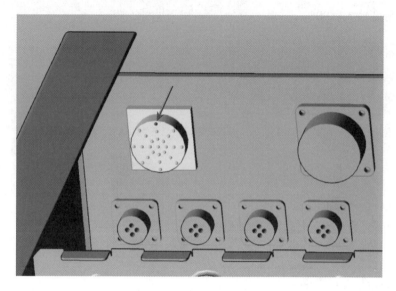

图 6-21　连接物位置

（6）通过菜单：【快速原型】>【放置连接物】，或单击工具栏中的 按钮，放置快速原型的连接物，如图 6-22 所示。

（7）完成快速原型参数定义，如图 6-23 所示。

图 6-22　快速连接物操作　　　　　图 6-23　设置快速原型参数

（8）将快速原型连接物放置如图6-24所示位置。

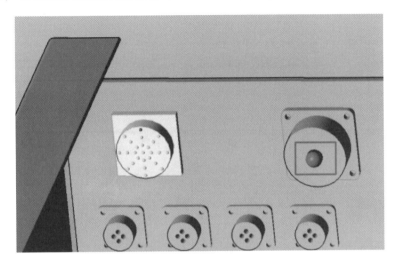

图6-24　放置快速原型连接物

（9）在 PC_Standard 插入连接物 c-0206430-1 并选中该连接物，然后通过菜单栏：【工具】>【阵列】，或者单击工具栏中的 按钮，如图6-25所示。

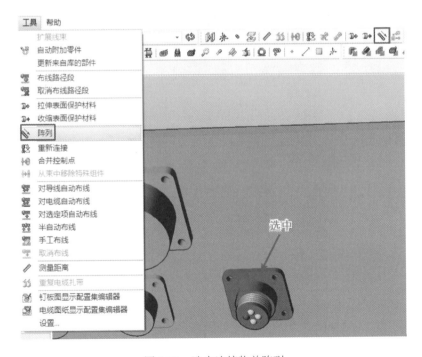

图6-25　选中连接物并阵列

（10）设置阵列参数，如图 6-26 所示，在 Y 方向上阵列连接物。

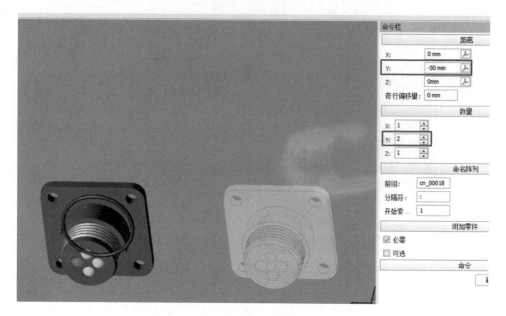

图 6-26　阵列连接物

（11）放置连接物，在部件浏览器选择【Connectors】>【ESS】>【PinsOnly】>【C-000002】，如图 6-27 所示。

图 6-27　选择连接物 C-000002

（12）在 PC_Standard 中放置结果如图 6-28 所示。

（13）在 PC_Standard 中放置连接物 SL_207542-1_F，如图 6-29 所示。

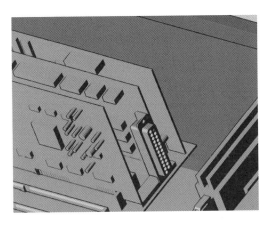

图 6-28 连接物 C-000002 放置结果

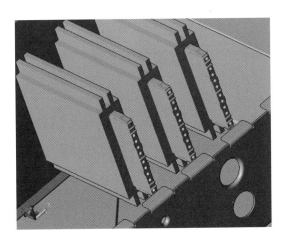

图 6-29 放置连接物 SL_207542-1_F

6.6.4 束设计

(1) 单击菜单:【插入】>【新束】,或者单击工具栏中的 ✐ 按钮。如图 6-30 所示。

图 6-30 新束操作

（2）在构建助手中激活"表面"单选框，并设置表面偏移量以及路径直径，然后单击鼠标左键，放置控制点，如图6-31所示。

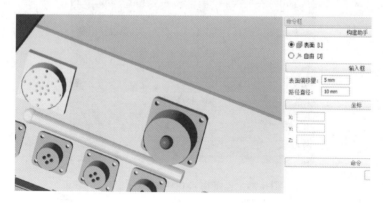

图6-31　放置控制点

 提示：

1. 表面偏移量需要在放置控制点之前更改，然后不同的控制点会产生不同的偏移量。

2. 识别接线点时，在构建助手中应选择"自由"。

（3）通过放置少量控制点，可快速创建束，如图6-32所示。

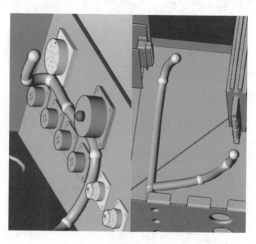

图6-32　快速创建束

（4）单击菜单：【插入】>【添加控制点】，或者单击工具栏上的 🖉 按钮，为创建的束增加控制点，如图 6-33 所示。

图 6-33 添加控制点

（5）选中需要增加控制点的束，如图 6-34 所示，移动控制点到合适位置，单击鼠标左键确认放置。

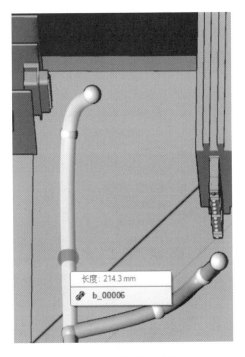

图 6-34 放置控制点

（6）通过创建新束、添加控制点，以及对控制点的平移完成束设计，如图 6-35 所示。

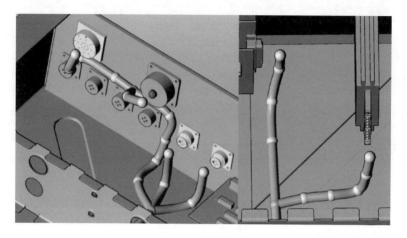

图 6-35　完成束设计

6.6.5　放置导线

（1）单击菜单：【插入】>【放置导线】，或者单击工具栏中的 ![按钮] 按钮，如图 6-36 所示。

图 6-36　放置导线操作

（2）在部件浏览器中，选择【Wires】>【Metric】>【Generic1】>【0.5mm^2-RD】，如图 6-37 所示。

（3）选择需要连接的管脚，如图 6-38 所示。

图 6-37 选择导线型号

提示:

当同一管脚放置多根导线时,需要先将已放置的导线隐藏,然后再放置新导线。

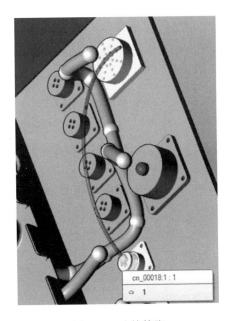

图 6-38 连接管脚

(4)为需要连接的管脚放置导线,结果如图 6-39 所示。

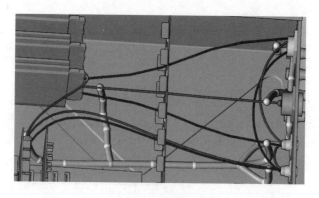

图 6-39　导线放置结果

 提示：

　　EPLAN Harness proD 支持导入 . CSV 或者 . TXT 文件的导线连接表，也支持从 EPLAN Electric P8 导入连接关系。

6.6.6　自动布线

　　（1）单击菜单：【工具】>【对导线自动布线】，或者单击工具栏中的 按钮，如图 6-40 所示。

图 6-40　自动布线命令

（2）所有未布线的导线将全部布线，如图 6-41 所示。

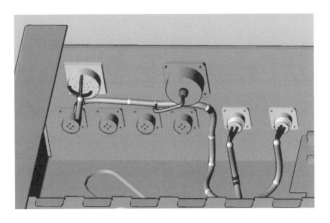

图 6-41　自动布线效果

 提示：

可根据需要，选择手工、半自动和全自动布线。

（3）自动布线后，因为导线的折弯半径限制，线束折弯半径小于导线折弯半径时，线束将显示不同颜色，如图 6-42 所示。

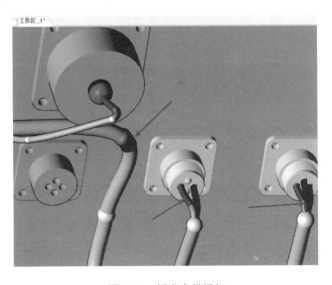

图 6-42　折弯半径报红

（4）使用平移操作移动报红附近的控制点，调整线束折弯半径，达到要求后，不同颜色消失，如图 6-43 所示。

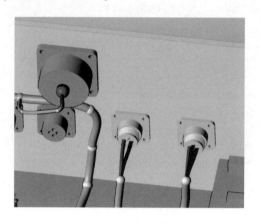

图 6-43　调整后的线束

6.6.7　添加表面材料

（1）单击菜单：【插入】>【放置编织套管】，或者单击工具栏中的 按钮，如图 6-44 所示。

图 6-44　添加表面材料

（2）在部件浏览器中，选择【Protections】>【ESS】>【Braided sleeves】>【BS.000001】，如图 6-45 所示。

图 6-45　选择编织套管型号

（3）选择需要编织套管保护的线束，单击鼠标左键确定，如图 6-46 所示。

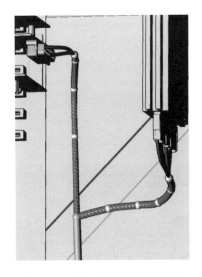

图 6-46　增加编织套管保护效果

> 提示：
>
> 　　EPLAN Harness proD 提供了热缩管、绝缘套管、保护胶带、编制套管以及波纹管等表面保护材料。

6.6.8　添加新线束

（1）单击菜单：【插入】>【添加新线束】，或者单击工具栏中的 ✕ 按钮，如图 6-47 所示。

图 6-47　添加新线束操作

（2）在左侧模型视图【Wire harnesses/cable units】下弹出新加线束名，如图 6-48 所示。

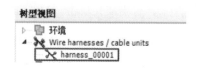

图 6-48　模型视图中的新线束

（3）在右侧属性栏中，定义新线束部件编号、ERP 编号以及名称和描述等内容，如图 6-49 所示。

图 6-49　定义线束属性

（4）在模型视图下，框选所有的束，然后在右侧属性栏"线束"一项中，选中刚才新建的线束：harness_00001，如图 6-50 所示。

（5）在模型视图中选中线束 harness_00001，则所有属于该线束的导线和束会以高亮显示，如图 6-51 所示。

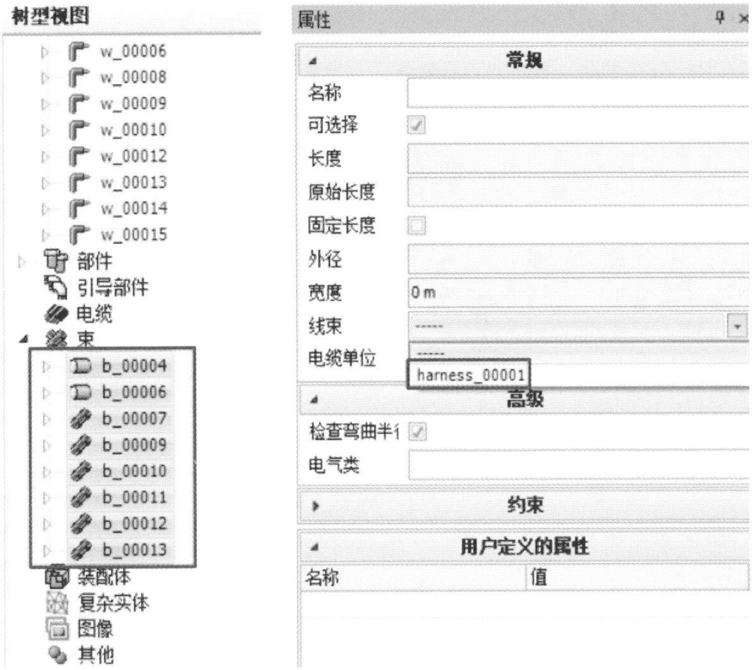

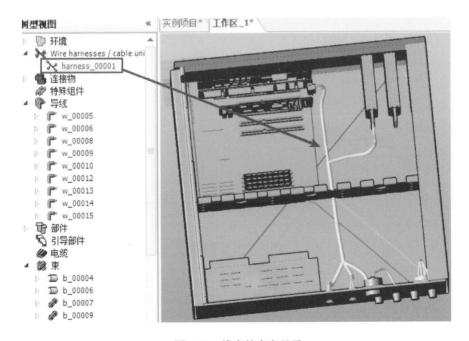

图 6-50　将束添加到线束中

图 6-51　线束的高亮显示

6.6.9   生成钉板图

（1）单击菜单：【文件】>【创建钉板图】，如图 6-52 所示。

图 6-52   创建钉板图操作

（2）在"新建钉板图"对话框中输入名称，勾选"创建后打开钉板图"复选框，然后单击【下一步】按钮，如图 6-53 所示。

图 6-53   钉板图名称

（3）在钉板图模板选择对话框中，激活"默认设置"，然后单击【下一步】，如图 6-54 所示。

（4）在选择线束对话框中，勾选"所有线束"复选框，然后单击【下一步】，如图 6-55 所示。

图 6-54 钉板图模板选择

图 6-55 线束选择

 提示:

当有多根线束时,需要取消勾选所有线束复选框,然后在需要创建钉板图的线束前面勾选复选框。

（5）在显示配置对话框中，选择默认显示，然后单击【完成】，如图6-56所示。

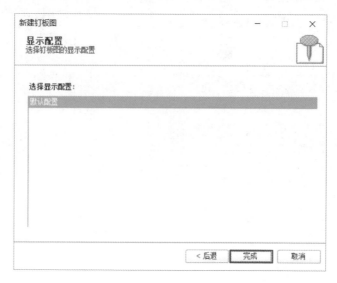

图 6-56　显示配置选择

（6）在打开的钉板图中，选中需要编辑的表格，在右侧的属性栏中，选择需要显示的内容并取消勾选未连接的管脚和未连接的导线，如图6-57所示。

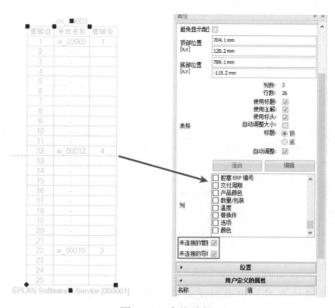

图 6-57　表格编辑

（7）表格增加数量/包装，显示效果如图6-58所示。

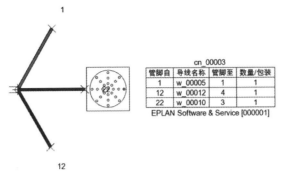

1
22
12
cn_00003
管脚自 导线名称 管脚至 数量/包装
1 w_00005 1 1
12 w_00012 4 1
22 w_00010 3 1
EPLAN Software & Service [000001]

图 6-58 增加数量/包装内容

提示：

所有需要显示或者不显示的内容，只需要在右侧属性栏中勾选或不勾选即可。

（8）EPLAN Harness proD 提供了大量的工具，以便于在钉板图中做尺寸标注、放置表格、钉子等，如图 6-59 所示。

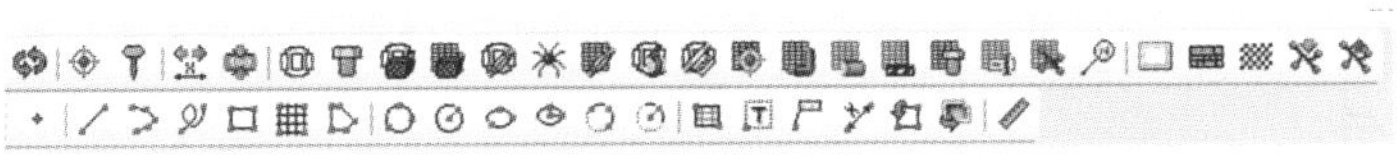

图 6-59 钉板图设计工具

（9）增加部分标注的钉板图如图 6-60 所示。

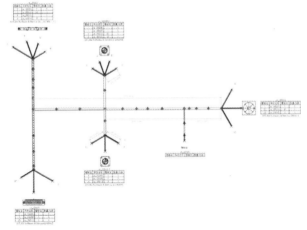

图 6-60 增加部分标注

（10）移动/旋转线束段、连接物，如图 6-61 所示。

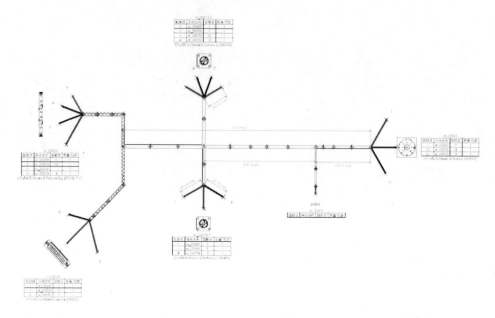

图 6-61　移动/旋转线束段、连接物

 提示：

通过对线束段、连接物的移动/旋转操作，可使钉板图更美观和实用。

6.6.10　生成及导出报表

（1）打开工作区，单击菜单：【文件】>【创建报表】，如图 6-62 所示。

文件	编辑	视图

保存
保存全部
另存为...
关闭所有文档
关闭项目
创建钉板图...
创建电缆图纸...
创建报表...

图 6-62　创建报表操作

（2）在报表名称对话框中，输入报表名称并勾选"创建后打开报表"，然后单击【下一步】，如图 6-63 所示。

图 6-63 报表名称

（3）在报表模板选择对话框中，激活"默认设置"，然后单击【下一步】，如图 6-64 所示。

图 6-64 报表模板设置

（4）在报表配置对话框中，选中"物料清单"，然后单击【下一步】，如图 6-65 所示。

（5）在选择线束/电缆单位对话框中，勾选"选择全部"复选框，然后单击【完成】，如图 6-66 所示。

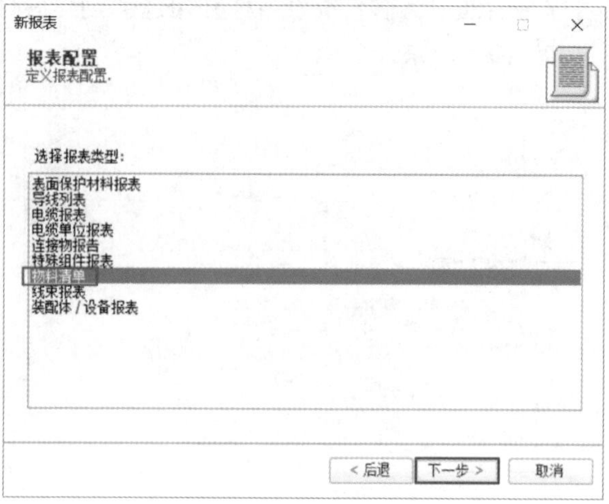

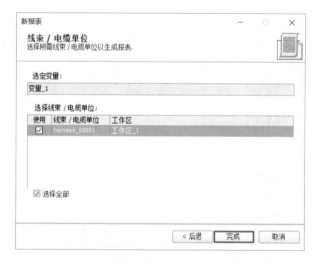

图 6-65　报表配置选择

图 6-66　选择线束

（6）物料清单报表打开后，默认显示如图 6-67 所示。

	类型	部件名称	库版本	部件状态	供应商	部件编号供应商	内部编号	ERP 编号	数量	数量/包装	订单数量	长度	成本/项目	成本/单位	总成本	总原料成本
1	连接器	SL_207542-1_F	1.0	已发布	EPLAN Software & Service	SL_207542-1_F			1	40	40		0.2 €		8 €	0.2 €
2	用户定义的附加零件	Screw M4 x 20mm	1.0	已发布	EPLAN Software & Service	Screw M4 x 20mm			8	50	50		0.1 €		5 €	0.8 €
3	用户定义的附加零件	Nut M4	1.0	已发布	EPLAN Software & Service	Nut M4			8	50	50		0.1 €		5 €	0.8 €
4	用户定义的附加零件	Circlip M4	1.0	已发布	EPLAN Software & Service	Circlip M4			8	50	50		0.1 €		5 €	0.8 €
5	连接器	c-0206430	1.0	已发布	EPLAN Software & Service	c-206430			2	50	50		0.5 €		25 €	1 €
6	编织套管	BS.000001	1.0	已发布	EPLAN Software & Service	BS.000001			2	100		335.2 mm		0.45 €	0.1508 €	0.1508 €
7	连接器	C-000002	1.0	已发布	EPLAN Software & Service	000002			1	20	20		0.4 €		8 €	0.4 €
8	连接器	CON.000001	1.0	已发布	EPLAN Software & Service	000001			1	10	10		1 €		10 €	1 €
9	导线	0.5mm²-RD	1.0	已发布	EPLAN Software & Service	0.5mm²-RD			4	1		1876 mm		0 €	0 €	0 €
10	导线	0.5mm²-BU	1.0	已发布	EPLAN Software & Service	0.5mm²-BU			1	1		745 mm		0 €	0 €	0 €
11	导线	0.5mm²-BK	1.0	已发布	EPLAN Software & Service	0.5mm²-BK			4	1		2515 mm		0 €	0 €	0 €
12	连接器	RP connector	1.0	待评估					1	1	1		0 €		0 €	0 €
13	总计														66.15 €	5.151 €

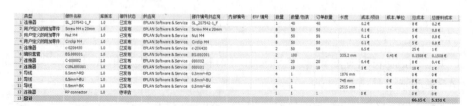

图 6-67　物料清单默认显示

（7）将鼠标光标移至类型一行的任意处，然后单击右键，弹出"报表设置"对话框，如图 6-68 所示。

图 6-68　报表设置对话框

（8）在"报表设置"对话框中，可设置活动列（即显示列）内容及顺序，将多余信息剔除后，效果如图 6-69 所示。

	部件名称	类型	部件状态	供应商	数量	数量/包装	长度	成本/单位	总成本
1	RP connector	连接器	待评估		1	1			0 €
2	CON.000001	连接器	已发布	EPLAN Software & Service	1	10			10 €
3	c-0206430	连接器	已发布	EPLAN Software & Service	2	50			25 €
4	Circlip M4	用户定义的附加零件	已发布	EPLAN Software & Service	8	50			5 €
5	Nut M4	用户定义的附加零件	已发布	EPLAN Software & Service	8	50			5 €
6	Screw M4 x 20mm	用户定义的附加零件	已发布	EPLAN Software & Service	8	50			5 €
7	C-000002	连接器	已发布	EPLAN Software & Service	1	20			8 €
8	SL_207542-1_F	连接器	已发布	EPLAN Software & Service	1	40			8 €
9	0.5mm²-RD	导线	已发布	EPLAN Software & Service	4	1	1876 mm	0 €	0 €
10	0.5mm²-BK	导线	已发布	EPLAN Software & Service	4	1	2515 mm	0 €	0 €
11	0.5mm²-BU	导线	已发布	EPLAN Software & Service	1	1	745 mm	0 €	0 €
12	BS.000001	编织套管	已发布	EPLAN Software & Service	2	100	335.2 mm	0.45 €	0.1508 €
13		总计							66.15 €

图 6-69　调整后的报表

（9）单击菜单栏：【文件】>【导出】，如图 6-70 所示。

（10）选择导出的报表存放路径以及报表格式，如图 6-71 所示，然后单击【Save】按钮，完成报表的导出。

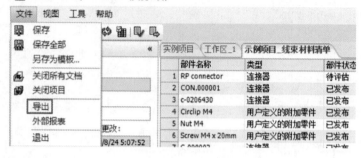

图 6-70　导出命令

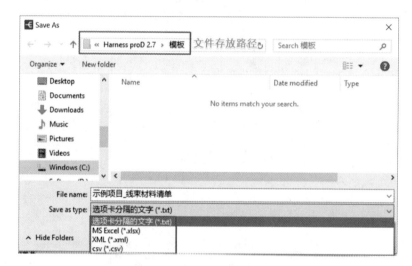

图 6-71　导出报表

第7章
EPLAN Smart Wiring

7.1 EPLAN Smart Wiring 简介

7.1.1 经验接线

在电气设计不规范的公司，生产的项目主要是简单小型电气设备（导线根数≤100）。机型长时间没有增加新功能，企业也是长时间没有研发新机型，所以导致对电气原理图不重视，甚至不设计电气原理图。配线电工根据自身经验接线，接线的准确性和可追溯性差，一旦接错线，需要耗费调试人员大量时间排查，情节严重的将导致重要电气部件烧毁，造成人身安全隐患。对企业而言，隐患巨大。没有电气原理图，依靠装配工人经验接线，电气技术、经验、后期维护都无法传承，企业对资深电气工程师、资深电工严重依赖，新人入职没有项目资料学习，难以快速上手工作。

7.1.2 原理图接线

配线工人查看纸质原理图接线方式，需要原理图可读性高，有电气基础的配线工人能够完全理解电气工程师的设计思路，完全明白原理图表达的逻辑原理。但往往不如人意，在国内的电气设计现状是，很多企业只有工程师自己才能够看懂他设计的图纸，可读性差，其他电气工程师比较难理解其设计的原理图，更难指望车间配线工人能够完全明白工程师设计的原理图的设计思路，所以难免会出现如下几种情况；

1）因为原理图未能表达出接线所需的所有信息，实际接线结果与电气工程师预想的结果有偏差。

2）为了避免情况1中的问题发生，电气工程师经常需要下车间指导配线，导致电气工程师没有充足时间做自己的设计工作。

3）即使电气工程师经常在安装现场，与配线工人沟通、交流和指导，避免不了理解上的偏差，接错线的情况时有发生。

并非原理图接线不可行，但需要建立在原理图设计标准规范的基础上，这些标准规范也要让配线工人非常清楚，原理图设计需要引入标准化、结构化、模块化的设计思维，对整个工程设备有清晰的位置或结构划分，图纸页号排序规则，设备命名规则，导线编号规则等多个规则建立，确保避免设备、导线重名，给配线工人造成混淆、疑惑。所有标准规范，结构化的划分，命名/编号规则等都要让配线工完全清楚明白，双管齐下，才能确保原理图接线有比较高的准确性。能够实现这些高标准的企业，也是多年来建立图纸标准规范、人员培养的结果，往往需要几年时间的积累才能够成熟。

7.1.3　设备接线图

有很多企业采用设备接线图的接线方式，是在采用原理图接线方式失败后，退而求其次，采用接线图这种直观的接线方式。虽然在单个设备上可以很快把线接完，但只是接好了导线的源端，目标端需要在电控柜的成百上千个设备中找到目标设备，往往需要耗费不少时间。

对于已接好的导线，很难在接线图上做好已接线的状态记录，不能做好已接线记录，同样也会遗漏导线未接，从而需要耗费调试工程师的时间排查，才能知道未接线。

7.1.4　接线表接线

接线表接线的方式对原理图的准确性要求很高，这种接线方式可以很好地执行配线工作，几乎不会有遗漏导线未接。这里指的是有专业电气软件自动生成的接线表，如果是人工手动制作的接线表，准确性和可靠性就另当别论了。

这种接线方式可以很好解决前面需要电气工程师下车间指导的问题。但是在配线效率上也没有很大的改善，每根导线的源设备和目标设备需要一定的时间才能找到，即使是对控柜的电气设备排布比较熟悉，导线上的源设备和目标设备也得花时间寻找。当成百上千个设备都需要花时间寻找，统计在一起，花费的时间也是比较多的。

7.1.5　EPLAN Smart Wiring 的价值

前面提到的几种接线方式是目前国内盘柜布线、自动化设备布线等常用的几种生产方式，不管采用哪种接线方式，或多或少都有共性的问题，准确性和高效性无法达到最大化。

为兼顾高准确率和高效率，EPLAN 公司推出智能布线解决方案 EPLAN Smart Wiring，结合 EPLAN 自身多款解决方案的优势，提取 EPLAN Electric P8 和 EPLAN Pro Panel 核心的电气设计数据，发布到 EPLAN Smart Wiring，通过本地计算机、触摸屏平板电脑或者 AR 设备，把专业的电气布线工艺工程师搬到配线工人身边，实时 3D 可视化、动态化指导配线工人的接线工作，减少接线工作中查找设备，思考布线方式，接线完成后的记录等工作，让接线工人全身心投入到布线工作中。

未来的生产方式将更加智能化、自动化、信息化。针对电气、盘柜的生产方式也会朝着这个方向发展。制线设备厂商可以把裁线、压接端子、串号码管等简单重复的工作交给机器来加工，而配线工人只需要把做好的线材装配到安装板上，连接及布线路径信息可由 EPLAN Smart Wiring 提供。

通过 EPLAN Pro Panel 3D 机柜布局和仿真布线的数据不仅仅应用在 EPLAN Smart Wiring 上，也可以应用于机器人布线，在设计、生产中做到高度标准化、模块化，将 EPLAN Pro Panel 设计好的 3D 布局布线信息导入到机器人中，让机器人代替人工做裁线、压接、安装配线、走线槽路径等工作，实现这一切需要建立在完善的 3D 部件库上。

7.2　EPLAN Smart Wiring 安装

7.2.1　硬件配置要求

工作站/平板电脑推荐配置，见表 7-1。

表 7-1　计算机硬件配置

处 理 器	CPU，近 3 年发布 CPU 型号
内存	4GB
硬盘	64GB
显示器	屏幕/显示器 建议：触摸屏
显示分辨率	建议：1280×800

网络推荐配置，见表 7-2。

表 7-2　网络配置

服务器网络传输速率	1Gbit/s
客户端计算机网络传输速率	100Mbit/s
建议等待时间	<1ms

7.2.2　系统环境配置要求

在最新的 EPLAN Smart Wiring 2.7 版本中，EPLAN Smart Wiring 2.7 是 32 位程序，可安装在 32/64 位操作系统中。

EPLAN Smart Wiring 2.7 支持 Microsoft 操作系统 Windows 8.1 和 Windows 10。所安装的 EPLAN Smart Wiring 语言必须受操作系统支持。

运行 EPLAN Smart Wiring 需要 Internet Explorer 11 或者 Microsoft Edge 浏览器。

根据前面说明中确定的前提条件，EPLAN 测试该程序兼容表 7-3 所列操作系统。

表 7-3　系统环境配置

工作站/平板电脑	Microsoft Windows 8.1（64 位）Pro、Enterprise 版
	Microsoft Windows 8.1（32 位）Pro、Enterprise 版
	Microsoft Windows 10（64 位）Pro、Enterprise 版
	Microsoft Windows 10（32 位）Pro、Enterprise 版
服务器	Microsoft Windows Server 2008 RC2（64 位）
	Microsoft Windows Server 2012（64 位）
	Microsoft Windows Server 2012 RC2（64 位）
	Microsoft Windows Server 2016（64 位）

7.2.3　EPLAN Smart Wiring 安装

打开 EPLAN Smart Wiring 2.7 安装包，包含有 3 个独立安装程序，如图 7-1

所示，根据功能需求，安装对应的模块。

EPLAN Smart
Wiring Client
Setup 2.7.exe

EPLAN Smart
Wiring Monitor
Setup 2.7.exe

EPLAN Smart
Wiring Server
Setup 2.7.exe

图 7-1　EPLAN Smart Wiring 安装包

1. 安装 EPLAN Smart Wiring Server

EPLAN Smart Wiring Server 必须安装，作为存储和管控所有项目的服务器，可在企业的中央服务器或在本地计算机上进行安装，用于管理所有布线项目文件，同时也为客户端提供授权。

右键单击图标【EPLAN Smart Wiring Server Setup 2.7. exe】，以管理员身份运行，会弹出【EPLAN Smart Wiring 2.7 Server 设置】对话框，勾选【我接受该许可证协议中的条款】，然后单击【安装】，直至安装成功。

2. 安装 EPLAN Smart Wiring Monitor

EPLAN Smart Wiring Monitor 可以选择安装在本地计算机上或移动设备（平板电脑）上，用于监控所有布线项目的完成进度和线缆耗材信息等，如图 7-2 所示。

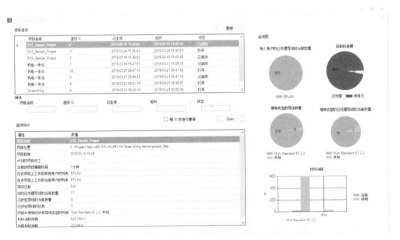

图 7-2　Monitor 界面

右键单击图标【EPLAN Smart Wiring Monitor Setup 2.7. exe】，以管理员身份运行，会弹出如图 7-3 所示【EPLAN Smart Wiring 2.7 Monitor 设置】对话框，勾选【我接受该许可证协议中的条款】，然后单击【安装】，直至安装成功。

图 7-3　Monitor 安装

3. 安装 EPLAN Smart Wiring Client

EPLAN Smart Wiring Client 安装在本地计算机上或移动设备（平板电脑）上，指导和记录现场安装接线项目。

右键单击图标【EPLAN Smart Wiring Client Setup 2.7. exe】，以管理员身份运行，会弹出如图 7-4 所示【EPLAN Smart Wiring 2.7 Client 设置】对话框，勾选【我接受该许可证协议中的条款】，然后单击【安装】，直至安装成功。

图 7-4　Client 安装

7.3 EPLAN Smart Wiring 智能接线

为了使用 EPLAN Smart Wiring，必须在准备阶段导入 3D 连接数据。可以从 EPLAN Pro Panel 导出连接数据，也可以借助 MS-Excel 使用已确定的列结构创建一个导出文件。

EPLAN Pro Panel 设计的 3D 布局布线项目，可以在 EPLAN 平台内导出【＊．EPDZ】格式的文件，并在 EPLAN Smart Wiring 中实现可视化。EPDZ 导出格式以打包的形式包含完整的项目信息和布局空间信息以及所有 3D 布线连接的数据信息。

7.3.1 发布项目及接线表

1. 发布项目

在 EPLAN Electric P8 中打开项目：ESS_Sample_Project，【ESS_Sample_Project】项目是 EPLAN 官方示例项目，包含完整的电气原理图设计、气动原理图设计和 EPLAN Pro Panel 设计的 3D 机柜布局布线，项目结构图如图 7-5 所示。

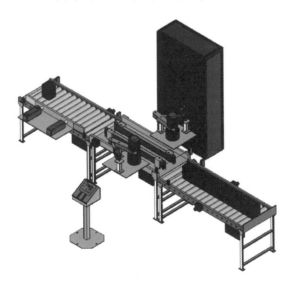

图 7-5　项目结构图

在 EPLAN Electric P8 中，单击菜单：【项目】>【发布】，发布项目【ESS_Sample_Project】，如图 7-6 所示。

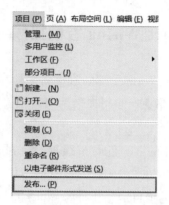

图 7-6　发布项目

弹出【发布】对话框，单击【EPDZ 文件】右侧扩展按钮 ... ，发布项目保存路径【C：\Program Files（x86）\ EPLAN \ EPLAN Smart Wiring Server \ project _files】，单击【保存】，单击【确定】，如图 7-7 所示。

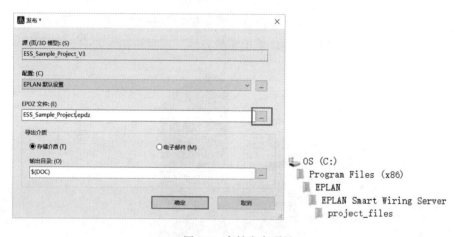

图 7-7　存储发布项目

 提示：

项目没有保存在默认路径【C：\Program Files（x86）\ EPLAN \ EP-LAN Smart Wiring Server \ project_files】，EPLAN Smart Wiring 2.7 不能识别到项目。

2. 发布接线表

EPLAN Smart Wiring 的 Excel 文件的格式。文件必须为 Microsoft Excel 2007-2013 支持的【*.xlsx】格式。

在 EPLAN Electrical P8 中打开项目：ESS_Sample_Project。

单击菜单：【工具】>【制造数据】>【导出/标签】，如图 7-8 所示。

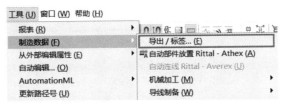

图 7-8　导出/标签

弹出【导出制造数据/输出标签】对话框，单击【设置】项下拉菜单，选择【Smart Wiring】，目标文件路径与发布项目保存路径一致，保存路径【C:\Program Files（x86）\ EPLAN \ EPLAN Smart Wiring Server \ project_files】，勾选【应用到整个项目】，单击【确定】，如图 7-9 所示。

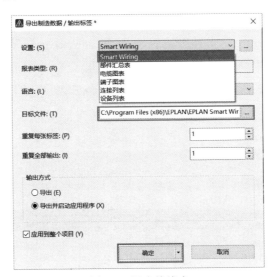

图 7-9　导出接线表

7.3.2　启动项目

1. 启动 EPLAN Smart Wiring

双击名称【EPLAN Smart Wiring Client】的图标，如图 7-10 所示登录界

面，用户名输入【EPLAN】，单击【登录】，以用户【EPLAN】登陆 EPLAN Smart Wiring，软件会根据用户名称记录您的设置信息、打开项目、配线项目等所有操作，请妥善保管您的用户名称。

图 7-10　登录界面

提示：

　　启动【EPLAN Smart Wiring Client】失败，报错：无法连接到 EPLAN Smart Wiring Server，双击【EPLAN Smart Wiring Server】图标，获取 Server 信息，随后【EPLAN Smart Wiring Client】将会弹出对话框，手动输入 ESW 服务器 IP 地址【如 192.168.1.108】和 ESW 服务器端口【8090】，【EPLAN Smart Wiring Client】即可成功运行。

2. 启动项目

依次单击【菜单】>【项目】>【启动项目】，弹出如图 7-11 所示项目选择界

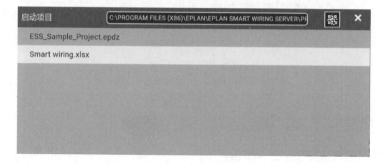

图 7-11　启动项目

面，启动项目路径为【EPLAN Smart Wiring】，默认项目保存路径【C：\Program Files（x86）\ EPLAN \ EPLAN Smart Wiring Server \ project_files】。

发布项目【ESS_Sample_Project】和接线表【Smart Wiring】，在【启动项目】对话框中可查看到。单击项目【ESS_Sample_Project】，打开项目。

 提示：

可以重新开始其编辑的当前工作目录加载一个包含连接信息的项目文件，可以打开*. XLSX 和*. EPDZ 格式的文件。

借助扫描仪（平板电脑、手机）也可以通过 QR 码启动项目。

3. 智能布线界面介绍

打开项目【ESS_Sample_Project】，如图 7-12 所示，左侧是工程机柜里全部导线的接线信息，包含每根导线的源、目标、截面积、颜色、线束和接线状态。在界面的顶部，状态: 12 / 534 实时显示当前已接导线和全部导线数量，已接导线状态为绿色，未接导线状态为红色，这样的状态显示方式方便查看项目中未接导线。在状态显示右侧的按钮，可切换其他语言，有 19 种语言可供选择。右侧的 3D 视图，是项目【ESS_Sample_Project】的 3D 机柜布局和 3D 布线结果，可通过其下方按钮旋转和查看布局布线信息。

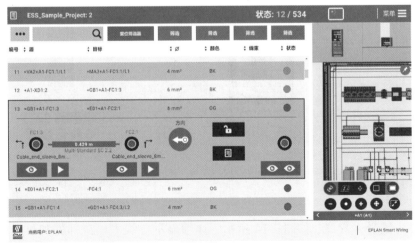

图 7-12　智能布线

3D/2D 视图切换按钮，可以通过旋转或平移的方式查看所需的详细信息。

横截面按钮，通过上下拖动来移动右上角视图的红色界面，显示不同截面下的部件。

背景切换按钮，可切换黑色或白色背景颜色。建议使用白色背景。

缩小按钮，可以缩小当前显示视图。

正视图按钮，当视图被旋转或平移到其他视角，单击【正视图按钮】切换回正视视角。

放大按钮，可以放大当前显示视图。

切换面按钮，激活后，通过单击 ➡ 【方向按钮】，90°旋转箱柜，查看不同安装面。

全屏按钮，可以将视图全屏显示，如图 7-13 所示，右下角的 ✕ 【缩小】按钮，关闭全屏。

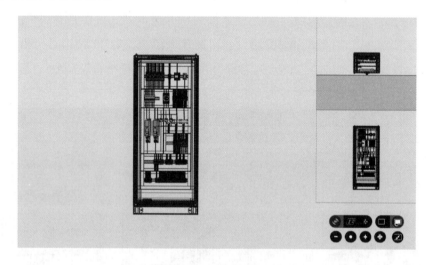

图 7-13　全屏视图

4. 布线

单击编号 1 导线，如图 7-14 所示，详细显示导线 1 的源部件和目标部件，导线截面积、颜色、长度、接线状态、接线方向等。同时，右侧视图也会在电控柜中显示电线 1，如图 7-15 所示的红色线就是导线 1。

图 7-14 导线信息

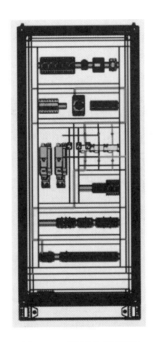

图 7-15 导线布线视图

单击源设备【XD1：1】下的【查看】按钮 ，右侧视图会自动缩放到源设备接线端，如图 7-16 所示。可以帮助配线工人快速定位源设备在实际电控柜中的具体位置，接好 XD1：1 端导线，单击 XD1：1 下的【配线】红色按钮 ，【配线】绿色按钮会显示 ，表示在实际现场中已经接好 XD1：1 端导线，单击【查看】按钮旁边的【播放】按钮 ，右侧视图会播放导线 1 的走线路径，从源设备布到目标设备，可以帮助配线工人准确布线，走最短路径布线，减少线材浪费。

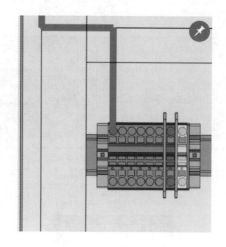

图 7-16　源设备接线

　　单击目标设备【FC1：1】下的【查看】按钮 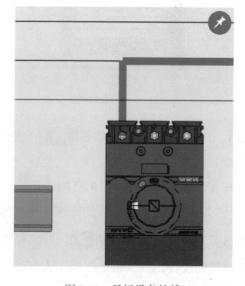，右侧视图会自动缩放到目标设备接线端，如图 7-17 所示。可以帮助配线工人快速定位目标设备在实际电控柜中的具体位置，接好 FC1：1 端导线，单击 FC1：1 下的【配线】红色按钮，【配线】绿色按钮会显示，表示在实际现场中已经接好 FC1：1 端导线，单击【查看】按钮旁边的【播放】按钮，右侧视图会播放导线 1 的走线路径，从目标设备布到源设备。

图 7-17　目标设备接线

单击双眼【查看】按钮 👁 👁，显示导线 1 整体布线预览，如图 7-18 所示。

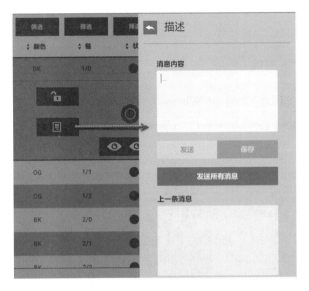

图 7-18　导线描述

单击【锁定】按钮 🔓，不管导线当前接线情况，锁定导线，状态变成【已锁定】◎。

单击【描述】按钮 ▤，可以输入导线的描述和备注信息，发送/保存消息。导线状态旁会新增描述图标 ●▤。

完成导线 1 的源端和目标端的导线实际连接，在 EPALN Smart Wiring 中单击源端和目标端的完成【配线】按钮◎，接线导线会自动跳转到下一根导线，如图 7-19 所示。

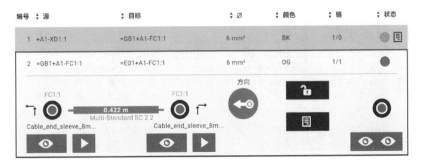

图 7-19　导线 2

7.4　EPLAN Smart Wiring 与 AR 技术结合

7.4.1　AR 智能布线

1. 启动 AR EPLAN Smart Wiring

打开 AR 中的【EPLAN Smart Wiring Client】，将会看到如图 7-20 所示的启动画面。

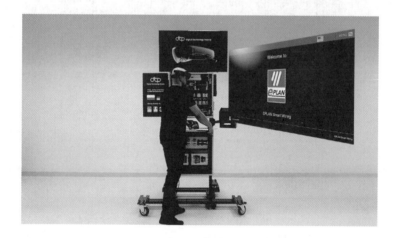

图 7-20　AR 启动画面

通过扫描枪扫描二维码打开项目，如图 7-21 所示。

图 7-21　扫描二维码

2. AR 智能布线

扫描导线编码，识别导线，如图 7-22 所示。

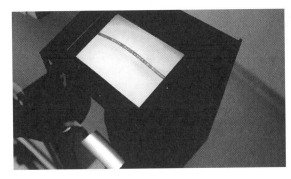

图 7-22　扫描导线

识别导线后，AR 会结合实际电控柜，智能指引，展示导线的源端和目标端，如图 7-23 所示。

图 7-23　智能指引

源端接线完成后，手动单击记录源端接线完成，AR 中指引箭头会从红色转换成绿色，改变接线状态，如图 7-24 所示。

结合 AR 技术，将 3D 电控柜与实际电控柜整合，让智能布线更直观。

图 7-24　接线

7.5　工程案例

7.5.1　启动项目

单击【ESS_Sample_Project】打开项目，如图 7-25 所示。

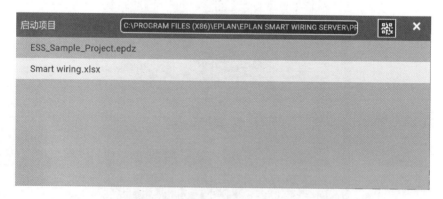

图 7-25　启动项目

7.5.2　高效布线

1. 连接状态

源端绿色已安装、目标红色未安装，状态黄色是连接部分已安装，如图 7-26 所示。

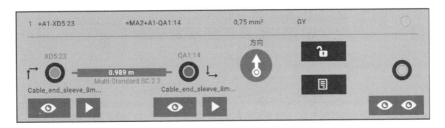

图 7-26　部分已安装

源端、目标端都是绿色已安装，状态绿色是连接已安装。如图 7-27 所示。

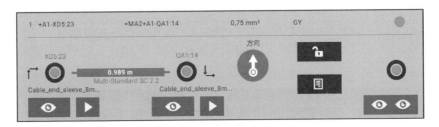

图 7-27　已安装

源端、目标端无论是否安装，可将状态改为锁定（白色），以便在未来修改安装，如图 7-28 所示。

图 7-28　锁定

2. 搜索设备

在搜索框中输入【 = GB1 + A1 – FC1】，单击放大镜 Q ，只会显示设备 = GB1 + A1 – FC1 相关的导线信息。有助于了解单个部件的走线方向。如图 7-29 所示。

3. 筛选导线

通过截面积和颜色筛选导线，选出一种导线，在不换线的前提下布完单品种导线。选择 0.75mm²，颜色选择 GY，如图 7-30 所示。

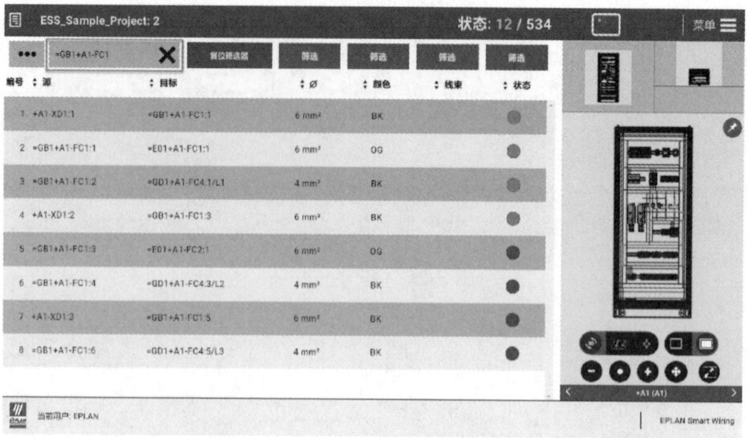

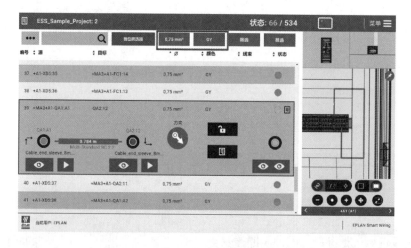

图 7-29　搜索

图 7-30　筛选导线

4. 筛选未接线

由于特殊原因，接线顺序并不能按照 EPLAN Smart Wiring 所罗列的顺序接线，接线过程中遗留少数线未接，如图 7-31 所示，状态为绿色，表示完成连接；状态为黄色是部分已连接导线，表示导线一端完成连接；状态为红色，表示未连接。

项目中存在少数未接线和部分已连接导线，但在检查布线时，很难检查出未接线和部分已连接导线。可通过筛选状态，选择未接线或部分已接线状态，快速查看到未接导线信息，确保项目完整布线，如图 7-32 所示。

图 7-31 未接线状态

图 7-32 筛选未接线

5. 连接属性的排序

借助列标题可以对列出的连接进行培训；方便装配工人按照一定顺序操作或者查看连接数据。如图 7-33 所示，单击列标题即可重新培训。

图 7-33 列标题排序

7.5.3 特殊布线

1. 预留布线

有些导线可以根据特殊需求将其锁定，单击【锁定】按钮 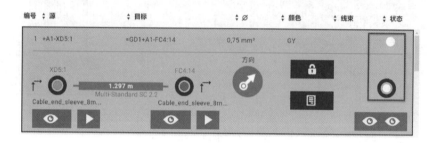，不管导线当前接线情况，锁定导线，状态变成【已锁定】，如图 7-34 所示。

图 7-34 锁定导线

2. 布线描述

需要特殊备注的导线，可以在消息内容中添加备注信息，单击【描述】按钮，可以输入导线的描述和备注信息，保存消息。如图 7-35 所示，导线状态旁会新增有描述图标。再到满足接线条件时，可以方便查看导线未接原因，如图 7-36 所示。

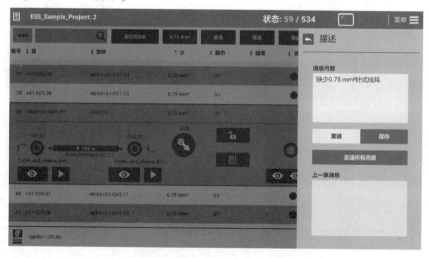

图 7-35 导线描述

图 7-36　 导线历史消息

第8章

EPLAN Fluid

8.1 EPLAN Fluid 简介

EPLAN Fluid 是一款高效的流体设计软件，它严格遵循最新的流体工程设计标准 ISO1219。软件内置的标准化符号库帮助您快速完成流体原理图纸设计。借助宏技术，可以将多个符号或典型回路，以变量的形式存储在同一个宏文件中重复利用，大大提高效率，节省设计时间。EPLAN Fluid 中预置了气动、液压、冷凝、润滑四个专业的符号库，使跨专业的工程设计轻松自如。

与传统 CAD 的设计系统相比，EPLAN Fluid 通过项目结构来管理项目，使其清晰易读。项目中用到的所有部件，包括微小部件、连接器、软管、硬管都能一览无遗。

部件的技术参数，比如直径、工作压力、流量、控制区间等，可以帮助用户快速完成部件选型。一键式生成需要的部件列表，订货清单、备件或易损件清单，以及软管和管路列表。即便是用于设备后期维护的润滑周期表，也能自动地生成。一个项目中可同时包含气动、液压、冷凝、润滑系统，通过设置筛选条件，能为每个学科独立生成专业的报表。

EPLAN Fluid 可以作为独立的系统运行，也能作为 EPLAN Electric P8 的插件使用。无论是何种方式，流体工程师和电气工程师都能同时或独自开展设计工作。

8.2 EPLAN Fluid 安装

插入程序安装装盘，以 2.7 版为例，双击 setup. exe，进入如下界面，如图 8-1 安装确认页 A。

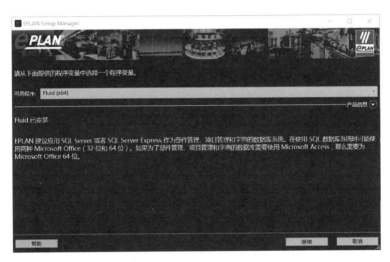

图 8-1 安装确认页 A

单击"继续"，进入下一步，如图 8-2 所示。单击左下方的选项框，勾选，并单击下一步"继续"。

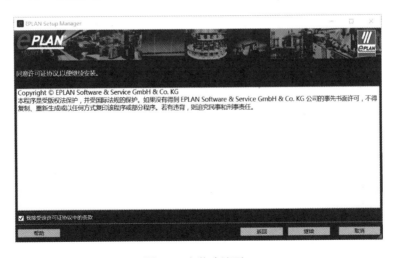

图 8-2 安装确认页 B

根据如下提示页，将安装路径及存储路径定义完毕，并输入"公司标识"，请确认接下来的设计使用的长度单位为公制 mm，或是英寸。确认完毕后，单击"继续"，如图 8-3 所示。

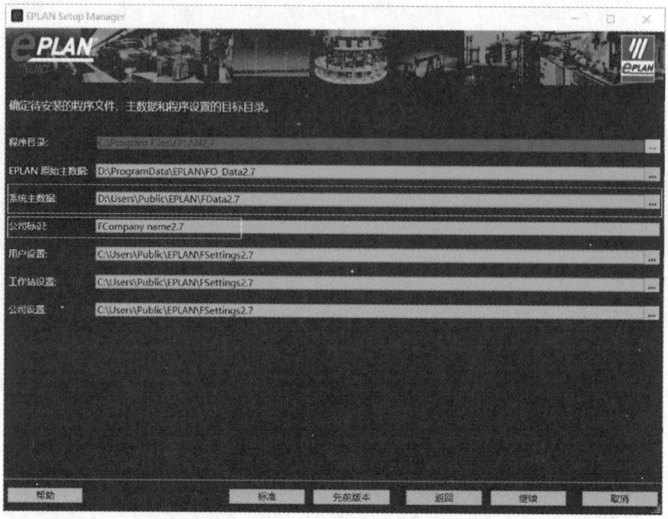

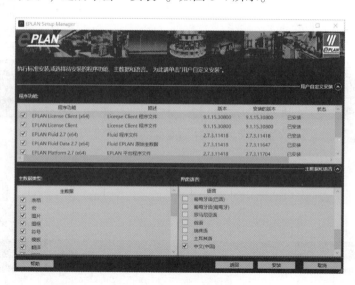

图 8-3   安装路径确认页

勾选需要安装的程序，建议全部勾选；并在右下框中选中需要安装的语言界面，如"中文"，之后单击"安装"。如图 8-4 所示。

图 8-4   安装程序及语言确认页

等待安装完毕即可。回到桌面，双击 EPLAN Fluid 图标进入程序。

8.3 创建 EPLAN Fluid 流体项目

8.3.1 EPLAN Fluid 流体项目创建

使用 EPLAN Fluid 软件内的流体项目模板创建流体项目。应用"项目"菜单下的"新建"打开"项目创建对话框"，如图 8-5 所示。

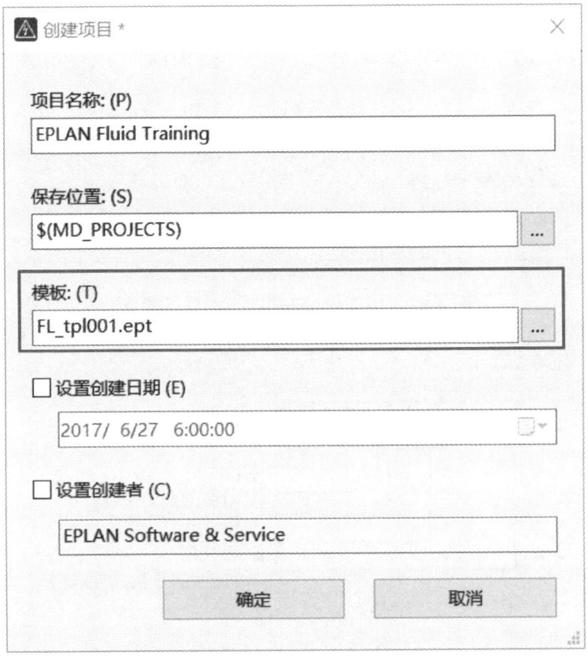

图 8-5 流体项目创建

8.3.2 选择 EPLAN Fluid 流体项目模板

流体项目包含两种标准的项目模板，遵循 ISO 1219-95 标准的 FL_tpl001.ept 与遵循 ISO 1219-12 标准的 FL_1219-2_tpl001.ept，如图 8-6 所示。

两种标准的项目模板 FL_tpl001.ept 与 FL_1219-2_tpl001.ept 最主要的区别是设备标识符，如图 8-7 和图 8-8 所示。

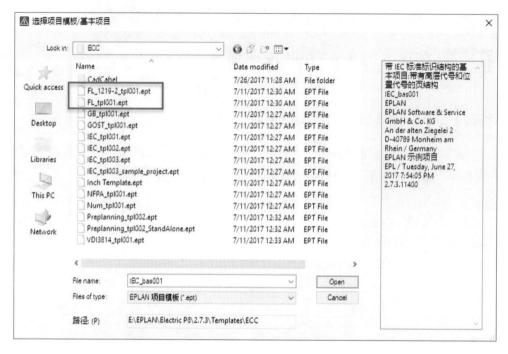

图 8-6　EPLAN Fluid 流体项目模板

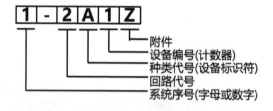

图 8-7　ISO 1219-95 标准设备命名方式

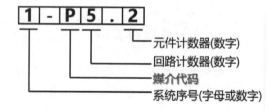

图 8-8　ISO 1219-12 标准设备命名方式

8.3.3 设备标识符管理

创建 EPLAN Fluid 流体项目后，在"项目属性-结构"选项下面有对整个项目以及各种设备的结构标识符设置，"常规流体设备：（N）"被设置为"高层代号数"，它仅用于流体设备的结构标识符管理。

为满足流体与电气一体化协同设计的需求，建议流体客户采用与电气统一的 IEC 81346 结构标识符。

8.4 创建流体项目图纸页

使用 EPLAN Fluid 软件内的流体项目模板创建流体项目后，选择菜单【页】>【新建】或者在项目内的页导航器内右击选择【新建图纸页】，创建流体图纸页，如图 8-9 所示。注意创建图纸页的栅格为 2mm，同时按照设计项目选择行业（液压或者气动）。

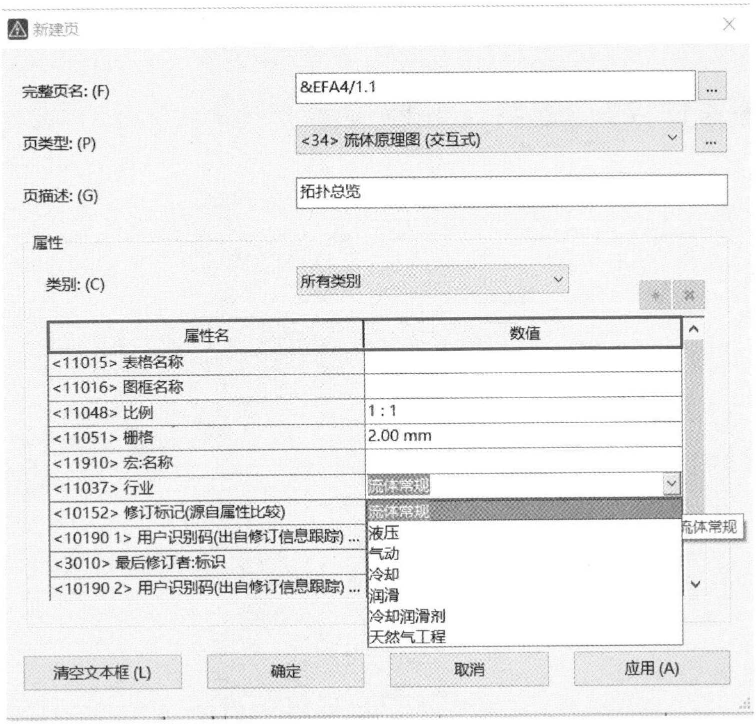

图 8-9 创建流体图纸页

8.5 EPLAN Fluid 流体符号库

软件内置了符合 ISO 1219 丰富的气动、液压、润滑、冷凝（Pneumatic、Hydraulic、Lubrication、Cooling）4 个专业的符号库。各个专业的符号库是流体图纸设计的基础，代表不可拆分的最小流体单元、电子元器件，另外还有各种操控方式（机械、手动、电磁、气动、液动）。设计时使用流体符号库组合成流体设备符号宏，进行快速的流体图纸设计。

8.6 EPLAN Fluid 流体符号宏库

软件内置了符合 IEC 81346 标准的 FESTO、VDMA（Hydraulic、Pneumatic、Lubrication）符号宏，所有的符号宏都是由液压、气动、润滑、冷凝（Hydraulic，Pneumatic，Lubrication，Cooling）4 个专业的符号库按照德国机械工业协会的标准组合而成，能够帮助用户快速展开设计工作。

8.7 直接导入 FESTO 购物清单

通过【项目数据】>【设备/部件】>【设备列表】打开设备列表导航器，在导航器内右击如图 8-10 所示，选择【Festo 购物篮】即可打开在 Festo 产品目录

图 8-10 设备列表导航器

中购入的部件清单，如图 8-11 所示，单击【OK】将购物清单中的部件加载到"设备列表"导航器中，通过拖拽即可快速完成流体图纸设计。

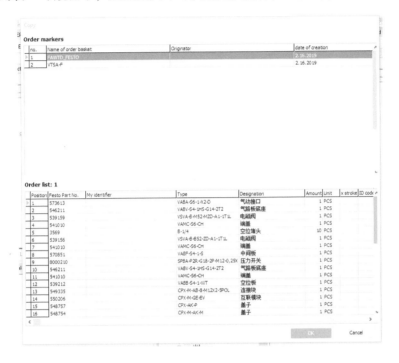

图 8-11　Festo 购物篮清单

8.8　流体线路连接器/连接分线器

通过【插入】>【线路连接器/连接分线器】或工具条上单击选择【线路连接器/连接分线器】，如图 8-12 所示，即可将管路连接件（端直通、90°弯头、三通、十字接头）插入到流体设计中，插入的管路连接件具有部件属性，设备属性对话框如图 8-13 所示。

图 8-12　线路连接器/连接分线器

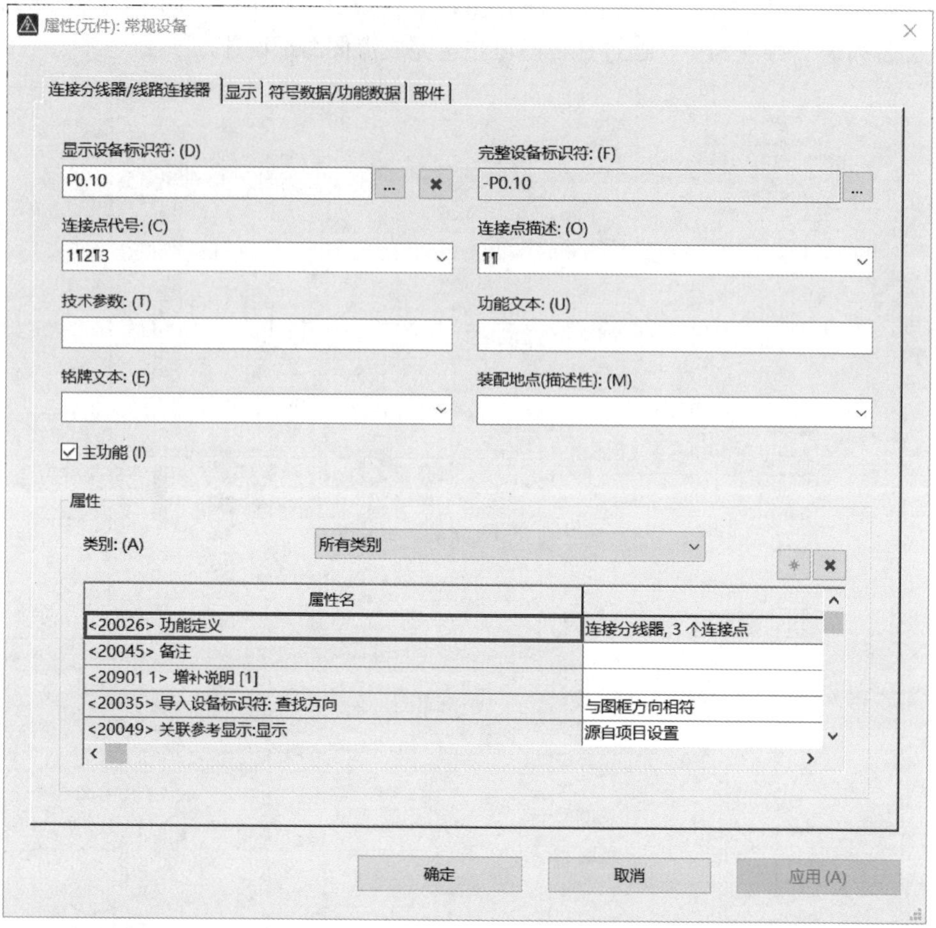

图 8-13　线路连接器/连接分线器属性对话框

8.9　软管配置器与报表

通过【项目数据】>【连接】>【软管配置器】打开软管配置器对话框如图 8-14 所示，软管配置器遵循 DIN 20066 标准，通过软管配置器可以对胶管总成做整体的配置（包括工作压力、制造商、额定直径、制造日期、软管类型标准、压力显示单位、软管管线长度、胶管总成左右两端接头、扭转角等）。每个胶管总成可以单独自动生成可视化报表（导线/电线图），如图 8-15 所示。

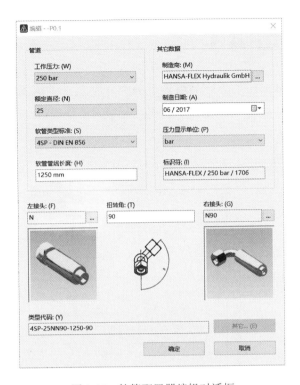

图 8-14 软管配置器编辑对话框

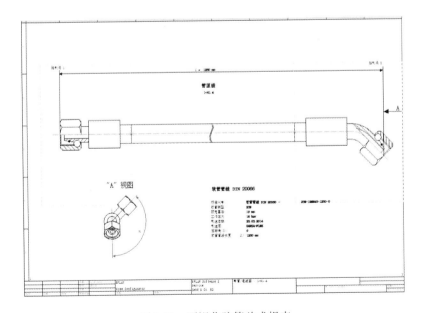

图 8-15 可视化胶管总成报表

8.10   流体部件属性

EPLAN 部件库按照一类产品组进行分类（工艺、机械、流体、电气），按照 "一类产品组-产品组-子产品组" 的结构层级对部件进行详细划分，流体部件的划分如图 8-16 所示。

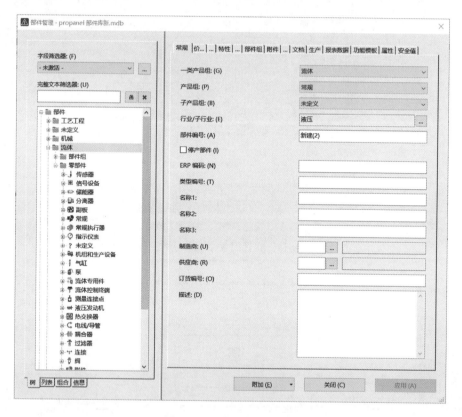

图 8-16   流体部件库分类

8.11   EPLAN Fluid 工程报表生成

根据流体项目原理图设计，我们可以通过 EPLAN 平台当中的自动生成报表功能，按照不同的专业，或者高层或者位置代号生成我们所需的部件报表，同时为整个项目生成采购用的部件汇总表。项目中用到的所有部件，包括微小部件、连接器、软管、硬管都能一览无遗。另外也可以通过部件筛选功能分别生成主部件和管路部件列表，还可以生成管理连接列表。

报表生成，在工具栏中依次单击【工具】>【报表】>【生成】，单击 ■ 新建报表，选择部件列表，部件汇总报表，连接列表。

8.12 工程案例

EPLAN Fluid 流体做项目以前，需要对项目模板、符号库、图框、表格、图纸顺序、项目结构标识符管理做好相应的设计规则准备，大概包括以下几方面内容：

a EPLAN Fluid 图框（A3 横向，IEC 标准）

b EPLAN Fluid 符号库（ISO1219 标准，HYD1ESS，PNE1ESS，CCL1ESS，LUB1ESS）

c EPLAN Fluid 符号宏库（FESTO，VDMA）

d EPLAN Fluid 报表模板（封面、目录、部件列表、部件汇总表、连接列表，制造商列表）

e EPLAN Fluid 项目结构标识符定义（==、=、++、+、&）

f EPLAN Fluid 设备命名格式和页命名格式

g EPLAN Fluid 项目图纸顺序

h EPLAN Fluid 项目模板

接下来以气动设计为案例，为大家简单介绍 EPLAN Fluid 在实际工程中的应用。汽车厂气动设计目前使用的主要元器件设备以 FESTO 和 SMC 两个厂商的设备为主，集成化的阀导为气动控制系统提供了很大的方便，我们将通过以下两节的内容做详细说明。

1. 系统进气维护单元设计

首先压缩空气从空气压缩站出来之后，经过粗过滤与干燥之后，经过空气储能罐体的缓冲，通过厂内管路输送到需要气动控制系统的各个工位的供气点。进气单元通常称之为气动三原件，同时加上手动安全阀、压力监控阀、气控安全阀、分气块等组合成为一个整体的进气维护单元。进气维护单元一般是集成到一起的一体化设备，由供应商按照系统设计的要求组合成为一个整体供货。一个整体的气动专用维护单元如图 8-17 所示，进气维护单元的主要参数为过滤精度、减压压力、系统流量参数。

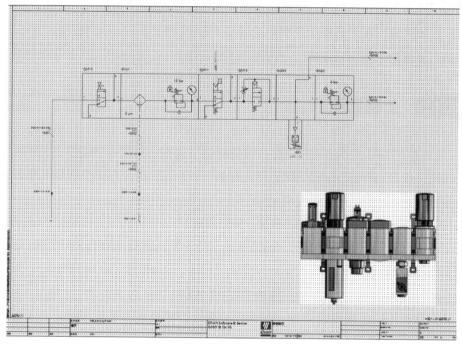

图 8-17　带安全系统的进气维护单元

2. 阀导控制单元设计

一般阀导分为电气部分和气动阀片部分。电气部分有供电模块、总线模块和输入输出模块。气动阀片部分由阀的底座与阀片组成，根据控制工位的要求，阀片一般采用不同中位机能的三位五通或者两位五通电磁换向阀。阀导的整体配置如图 8-18 所示。

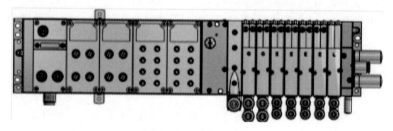

图 8-18　阀导配置图

8.12.1　系统原理图设计

系统采用阀导集中控制的方式对系统中的驱动气缸、气爪、旋转机构、真空抓取等设备进行气动驱动控制。一般气缸会带接近开关进行定位控制。用于系统中的压力、流量、真空发生器装置的传感器接入阀导的输入模块，信号通过总线控制器传输到 PLC 控制柜，所有控制传输指令通过总线进入阀导输出模块，按照现场的操作与安全要求完成对电磁阀片的控制。系统原理图如图 8-19 所示。

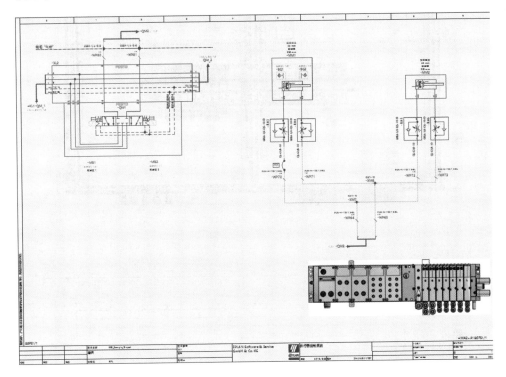

图 8-19　气动控制原理图

8.12.2　系统安装布局图设计

一般进气维护单元与阀导会集成安装到整体的安装版上，生成整个安装板上所有设备的箱柜设备清单，用于车间生产的领料与安装指导文档，安装版布局图如图 8-20 所示。

8.12.3　生成项目报表

在工具栏中依次单击：【工具】>【报表】>【生成】，单击　新建报表，选择部件汇总报表，将生成如图 8-21 所示的部件汇总表。

图 8-20 安装版布局图

部件汇总表

F01_005

订货编号	数量	名称	类型号	供应商	位置
3022218	16		3022218	PXC	1
3036550	1	熔断器端子 Fuse terminal block	ST 4-HESILED 60 (5X20)	PXC	2
3212044	6	端板 End cover	D-PT 6	PXC	3
8886500	1	TS Bayed enclosure system, WHD: 800x1800x600 mm, Sheet steel	TS.8886500	RIT	4
8800733	4	TS Cable duct for mounting plate, WHD: 80x2000x80 mm	TS.8800733	RIT	5
8800752	6	TS Cable duct for mounting plate, WHD: 60x2000x80 mm	TS.8800752	RIT	6
2313150	7	SZ Support rail to EN 60 715, version TS 35/15, L: 2000 mm	SZ.2313150	RIT	7
8186235	2	TS Side panel, screw-fastened, for TS, TS IT, for HD: 1800x600 mm, Sheet steel	TS.8186235	RIT	8
8601800	1	TS Base/plinth component, rear, H: 100 mm, for W: 800 mm, RAL 7022, sheet steel	TS.8601800	RIT	9
8601060	2	TS Trim panel, sides, H: 100 mm, for D: 600 mm, RAL 7022, sheet steel	TS.8601060	RIT	10
KBL 2X6CABLE	1	NYY-O 2X6 NYY-O 2X6	NYY-O	ESS	11
2500400	1	Connection cable for LED system light	SZ.2500400	RIT	12
3451300	11	SV Conductor connection clamp, 2.5-16 mm², clamping area WH: 6x6 mm	SV.3451300	RIT	13
7542000	2	SK Earth rail, vertical, L: 745 mm, For H: 1000 mm, For TS	SK.7542000	RIT	14
3211813	71	直通式接线端子 Feed-through terminal block	PT 6	PXC	15
3024481	9	隔板 Partition plate	ATP-ST 6	PXC	16
3211819	5	直通式接线端子 Feed-through terminal block	PT 6 BU	PXC	17
3211822	11	接地端子 Ground modular terminal block	PT 6-PE	PXC	18
3VA1032-2ED32-0AA0	1	MCCB_IEC_FS100_32A_3P_16KA_TM_ FTFM	3VA1032-2ED32-0AA0	SIE	19
3VA9157-0FK21	1	DOOR MOUNTED ROTARY OPERATOR, EM	3VA9157-0FK21	SIE	20
2901361	1	测量仪器 Measuring instrument	EEM-MA200	PXC	21
2308027	1	通用变送器 Universal current transducer	MCR-SL-CUC-100-I	PXC	22
5SY4106-5	7	CIRCUIT BREAKER 230/400V 10KA, 1-POLE, A, 6A, D=70MM	5SY4106-5	SIE	23
3RV2011-1AA15	1	CIRCUIT-BREAKER SCREW CONNECTION 1.6A	3RV2011-1AA15	SIE	24
3SU1401-1BF60-1AA0	1	LED MODULE, WHITE	3SU1401-1BF60-1AA0	SIE	25
3SU1500-0AA10-0AA0	1	支架 HOLDER	3SU1500-0AA10-0AA0	SIE	26
3SU1001-6AA60-0AA0	1	INDICATOR LIGHT, WHITE	3SU1001-6AA60-0AA0	SIE	27
2500210	1	LED system light	SZ.2500210	RIT	28

=BEC01/LA

磨床 Grinding machine

EPLAN Software & Service GmbH & Co. KG

部件汇总表 : PXC.3022218 - RIT.25

图 8-21 部件汇总表

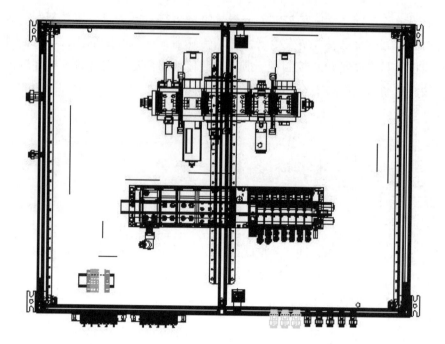

8.12.4　输出项目图纸

通过【项目数据】>【消息】>【执行项目检查】按照公司指定的检查规则对整个项目做整体的项目检查，将检查出的错误逐一定位到图纸页中进行相应的修改。之后再次执行项目检查，直到没有错误后，通过【页】>【导出】>【PDF】根据输出设置进行项目图纸输出。

第9章

EPLAN EEC One

9.1 EPLAN EEC One 简介

现代意义上的工程设计，早已超越了"设计"本身的范畴。一个完整的工程设计流程从获得订单就已经开始了。它包括如图9-1所示基本环节。

图 9-1 工程设计流程

为了快速响应市场变化，满足不同订单的定制化需求，设计的周期、质量和灵活性都面临巨大挑战。在这样的背景下，模块化设计方法应运而生。

9.1.1 模块化设计的概念

模块化设计是一种将系统有机地拆解为较小的、能够重复使用的功能模块的工程设计理念。它的特征在于将系统按照功能划分为独立的、可扩展的、可复用的模块；严格定义明确的接口；使得各个模块能够根据订单需求进行配置，从而能够在获得高灵活性的同时，降低成本、缩短设计周期并降低错误率。模块化设计方法在计算机、汽车、机器人、电梯、建筑等许多领域都有广泛应用。图 9-2 所示为某车企所采用的模块化设计平台。

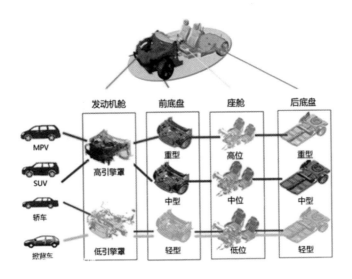

图9-2 汽车模块化设计平台

9.1.2 EEC One 概述

EEC One 是 EPLAN Engineering Configuration One 的简称，EEC One 及其宏技术和占位符对象充分体现了模块化设计的思想。EPLAN 使用宏将原理图进行模块化分解（标准化的部分电路），使用占位符对象进行参数传递，根据不同的订单（项目）配置，灵活组合各种原理图宏模块，并利用 EEC One 自动生成原理图（EPLAN 项目）。如图9-3 所示。

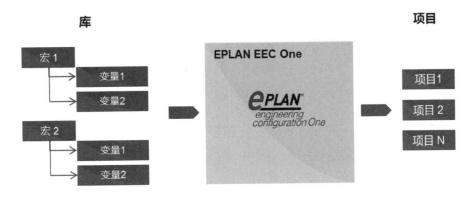

图9-3 EEC One 模块化设计理念

使用 EEC One 可以根据原理图宏和表格形式的项目配置信息自动生成

EPLAN Electric P8 和 EPLAN Fluid 的原理图。而基于 3D 宏可以生成 EPLAN Pro Panel 的 3D 安装布局。如图 9-4 所示。

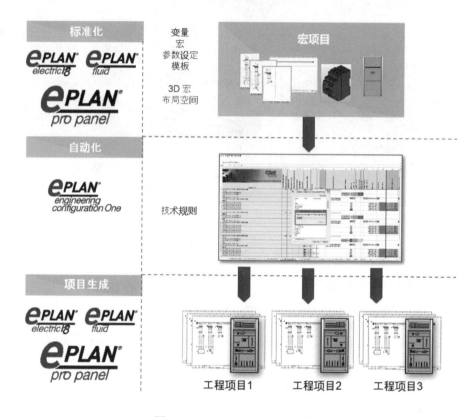

图 9-4　EEC One 生成项目示意图

9.2　产品结构化

"产品"指的是 EPLAN 用户所设计的产品，它可以是一条生产线，一台机电设备，也可以是一个器件。只要它是能够按照一定原则和规律进行模块化拆分的系统，都可以对它进行结构化分解，这就是产品结构化。产品结构化的结果在 EPLAN 中的体现就是宏。

9.2.1　宏

在机电设备中重复性的功能（部分）可以以部分电路的形式定义为标准模

板（模块），进而重复使用，这就是原理图宏。原理图宏是组成完整项目的基础。小到一个符号、一个器件、大到多页原理图都可以做成一个宏。如图 9-5 所示。

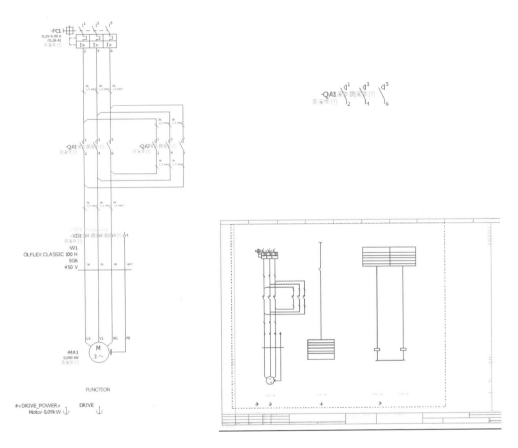

图 9-5　各种各样的宏

宏可以包含典型回路图形、部件选型、参数等。EPLAN 的宏有多种表达类型，以满足不同的应用需求。如多线原理图、单线原理图、总览图、流体原理图、安装板布局图等。

9.2.2　占位符

以电机控制回路为例，当电机功率变化时，断路器、接触器、导线截面、端子大小、电缆规格等参数都需要进行相应的修改。而 EPLAN 能够把每个电机功率和其他设备参数的对应关系存储起来，以选择形式供用户使用。这就是占位符对象的功能。占位符对象及其值集选择菜单如图9-6所示，占位符对象的值集如图9-7所示。

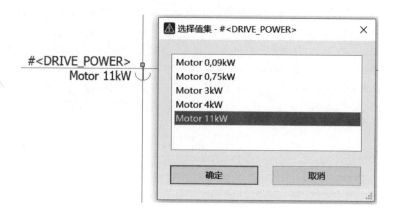

图9-6　占位符对象及值集选择

变量	Motor 0,75kW	Motor 4kW	Motor 11kW
WIRE_PARTNO	LAPP.0036 13...	LAPP.0014 10...	LAPP.0014 11...
WIRE_CROSS_SECTION	1,5	4	6
COLOR_1	1	BK	BK
COLOR_3	3	BN	BN
COLOR_2	2	BU	BU
COLOR_4	GNYE	GNYE	GNYE
MOTORPROTECTION_P...	MOE.072736	MOE.046938	SIE.3RV2021-...
MOTORPROTECTION_P...	MOE.072896	MOE.072896	
MOTOR_PROTECTION	1,6-2,5 A	10-16 A	20-25 A
MOTOR_PARTNO	LENZE.MHER...	LENZE.MHER...	LENZE.MHER...
MOTORPROTECTION_S...	(1,67 A)	(10,5 A)	(22,5 A)
CONTACTOR_PARTNO	SIE.3RT1015-1B...	SIE.3RT1017-1H...	SIE.3RT1024-1B...
power	0.75kW	4kW	11kW

图9-7　占位符对象的值集

　　占位符对象可包含到宏中。当选择占位符不同的值集后，放置到实际项目中的原理图参数会整体同步修改（见图9-8），极大提高了绘图的效率，避免了错误的产生。

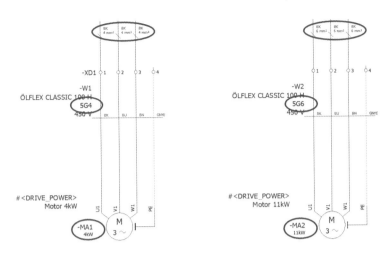

图 9-8   值集选择结果

9.3   配置式设计

EEC One 是基于 Excel 开发的配置工具。它把项目配置信息和数据收集在表格中，即所谓的典型表，如图 9-9 所示。在典型表中，EEC One 将项目数据和原理图宏组合在一起，并在 EPLAN 中生成原理图文档。

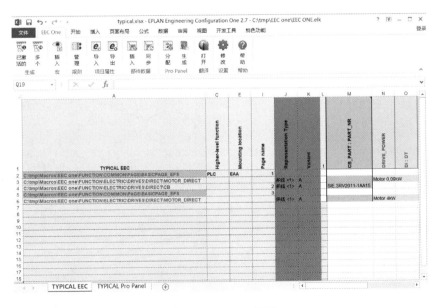

图 9-9   EEC One 界面

在典型表中进行配置的过程，称之为配置式设计。配置式设计类似于把各种宏（模块）进行积木式的拼接，设计过程中关注的不是图纸的绘制方法和绘制过程，只需根据需要确定调用哪些宏，放置在什么位置，设置哪些参数等。

9.3.1 宏的配置

在 EEC One 的典型表中，可以非常灵活地对宏进行配置，以控制它的生成与否、放置位置、参数更改等。比如宏可以叠加，进而组合出新的功能回路。图 9-10 表示如何使用一个单向电机控制回路和一个接触器组合成正反转电机控制回路。

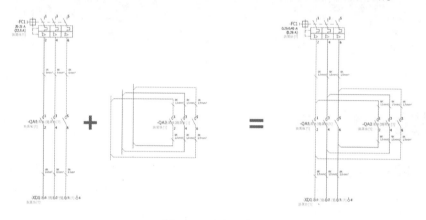

图 9-10 宏的叠加

连接符号的宏可以相互覆盖，从而增加了组合的灵活性。如图 9-11 所示，

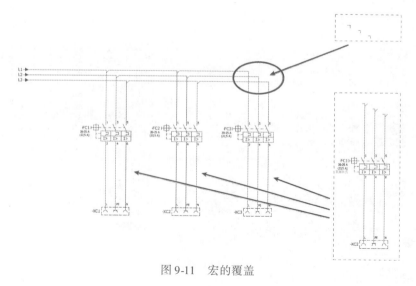

图 9-11 宏的覆盖

当放置到最后一个回路时，使用角形连接点覆盖 T 形连接点即组合出完整正确
的回路。

在 EEC One 的典型表中，还可以调整宏放置的间距（X 方向和 Y 方向），如
图 9-12 所示。

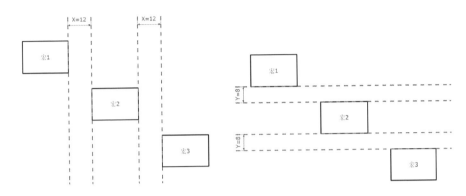

图 9-12　宏的放置间距

9.3.2　参数传递

宏里面的占位符对象可以将值集传递到 EEC One 的典型表中，可在表格中
直接选择已经定义好的值集，如图 9-13 所示。当插入典型表的宏包含占位符对
象时，典型表会为占位符对象自动添加相应的列。极大地方便了生成图纸的配
置过程。

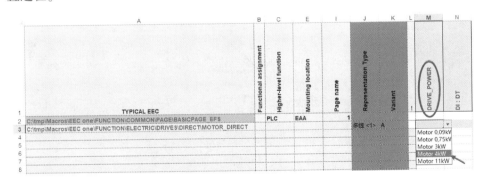

图 9-13　带值集的参数传递

其他没有预定义值集的参数，也可以通过占位符传递到典型表中，进行参
数的填写，如图 9-14 所示。

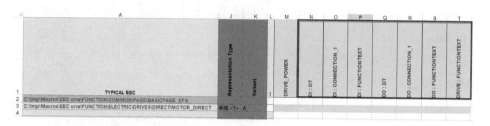

图 9-14　不带值集的参数传递

9.3.3　部件选择

在自动生成图纸时，对于设备的部件编号，不能只输入一个编号，而需要同时导入部件库中的部件数据到项目中。而 EEC One 可直接和 EPLAN 部件库进行关联，在典型表中直接插入部件（见图 9-15）。因为使用了自动传输，可以有效避免数据的传输误差，同时效率进一步得到提升。

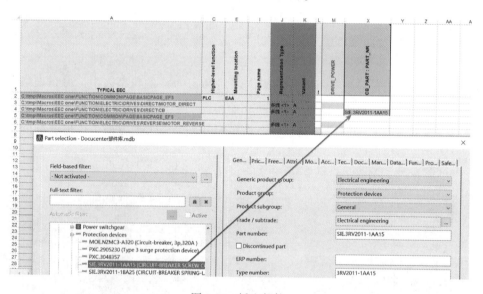

图 9-15　插入部件

9.3.4　变量和计算规则

为了给用户填写典型表提供方便，EEC One 还提供了自动计算的功能。

1. 自动编号

有些变量的赋值具有一定的逻辑规则，如端子的编号，可以按 1、2、3…顺次编号。后续的编号取决于前一个端子编号的值。

　　如果使用手工填入的方式，工作量大；且当在中间插入新的（或删除已有的）含有端子的宏时，后续端子编号都需要顺次调整。而 EEC One 的自动计算功能可以解决这个的问题。如图 9-16 所示，典型表中的端子编号可以根据设定的计算类型（如增加）自动产生。

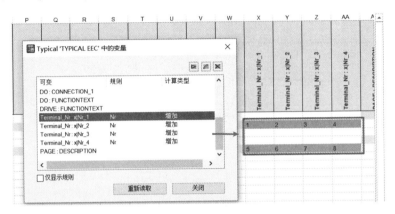

图 9-16　自动计算

2. PLC 自动编址

　　对于 PLC 地址，EEC One 可以按设定的规则自动编址。规则支持数字量 8 位、数字量 16 位和模拟量编址方式。如图 9-17 所示。

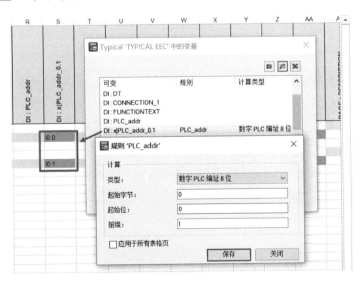

图 9-17　PLC 自动编址

9.3.5 用户界面

用户可以使用 VBA 编制定制化的用户界面，实现程序化的填表工作，如图 9-18 所示。进一步提高设计的自动化程度、效率和质量。

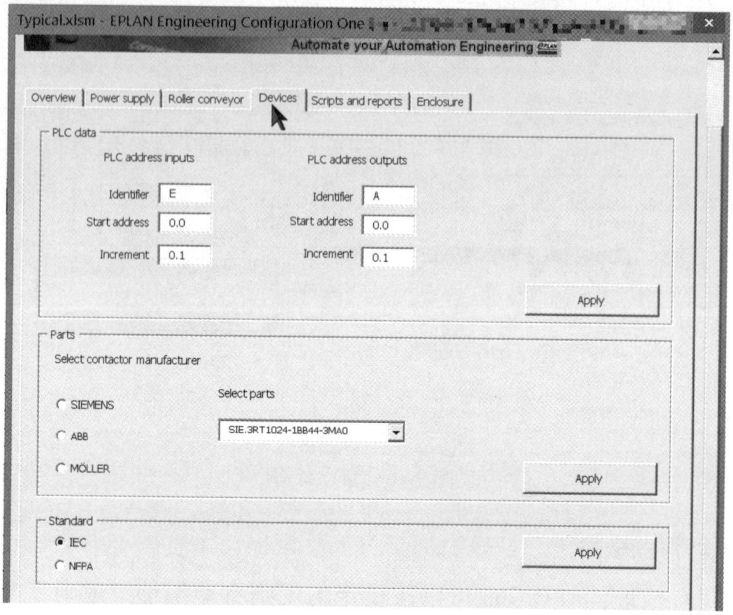

图 9-18   用户界面编制

9.3.6 项目生成

典型表填写完成后，可执行一键式项目生成。该项目可以是新建的空白项目，也可以是已经有原理图存在的项目。

生成项目后，与项目对应的典型表将存储在项目文件中，后续仍然可以对典型表进行修改，并再次生成。

9.4 工程案例

9.4.1 客户的挑战

以某磨削设备为例，根据最终客户场地需求，需要设计成直线传送方式和拐角形传送方式两种机型（见图 9-19 和图 9-20）；根据精度要求，需要设计成恒速电机驱动和变频电机驱动两种模式；根据处理对象的材质不同，又需要设计出各种功率等级的设备。

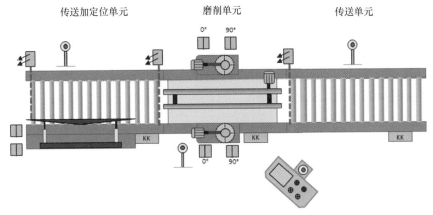

图 9-19　直线传送机型

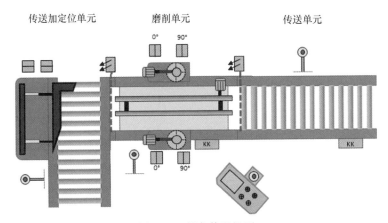

图 9-20　拐角传送机型

如果综合考虑各种组合，则需要设计的机型会非常多，如图 9-21 所示。对

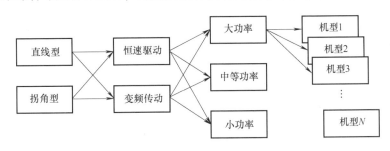

图 9-21　机型组合

应的设计工作也变得非常复杂。如何在短时间内，设计出可满足不同用户需求的机型，成为客户面临的极大挑战。

9.4.2 结构化拆分

我们注意到，在各种机型或客户需求的变化中，实际上存在不变的因素以及变化规律。因此，可以根据这些规律将一台完整的设备拆分成若干个独立、可拼接的模块单元。如图 9-22 所示，将两种机型拆分成 4 种模块单元，其中模块 2 和模块 3 可在两种机型中复用。

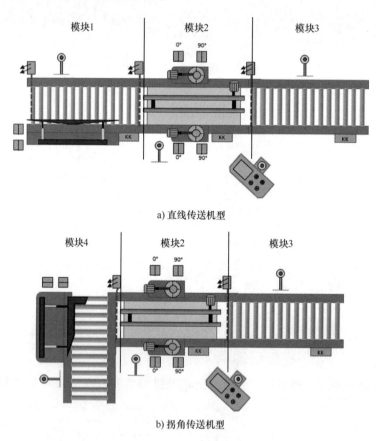

a) 直线传送机型

b) 拐角传送机型

图 9-22　结构化拆分

9.4.3 EEC One 解决方案

由于 EEC One 具有配置式的设计方式和自动生成图纸的功能，使得客户可以只关注每个项目（订单）配置的过程，不必事先绘制各种可能机型的图纸，而是把各个组成单元的图纸完成即可。在接到订单后，可根据最终用户需求，在 EEC One 中进行配置，然后快速生成所需机型的完整图纸。

在 EPLAN 中，每种模块单元对应的电气原理图可存成宏的形式。而传动形式的不同可以采用宏或者宏变量的形式实现。功率大小则使用占位符对象实现。如图 9-23 所示，通过在典型表中配置各模块单元的宏，即可实现与最终客户所需机型的对应，然后一键生成该机型的原理图。

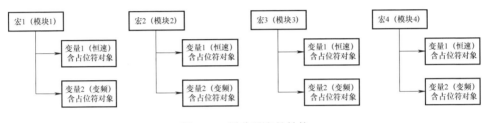

图 9-23　拆分后宏的结构

9.4.4　客户的受益

采用 EEC One 的模块化、配置式设计方式，使客户能够使用一个完整系统的各个模块单元所对应的原理图宏，灵活组合、配置出各种最终设备的图纸。在客户定制化的趋势潮流中，实现以不变应万变。

使用 EEC One 能够给客户带来以下好处：

1）自动生成图纸的功能，使得完成项目设计的效率大幅提升。

2）使用已验证的模块化单元图纸配置出完整系统图纸，项目质量更有保证。

3）用标准化和模块化的回路宏单元，应对复杂的客户定制化需求。

4）把重复的、枯燥的图纸修改工作交给电脑自动生成，解放电气工程师去做产品研发等更有价值和意义的工作。

5）形成企业级的平台和知识库，更加高效，更加安全。

第10章
EPLAN Cogineer

10.1 EPLAN Cogineer 简介

自动生成原理图是建立在设计数据标准化和图纸/产品结构化的基础上的。标准化包括设计数据标准化和设计流程标准化，其内容如图 10-1 所示。

EPLAN系统主数据

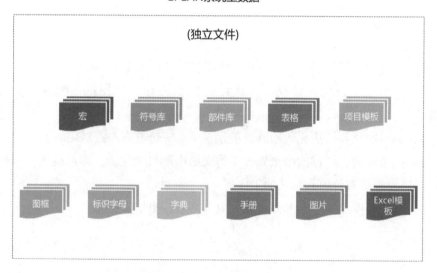

图 10-1 设计数据标准化

产品结构化是对产品功能进行抽象和拆解，使其形成功能块，以实现功能块配置自动生成原理图的目的。如图 10-2 所示。

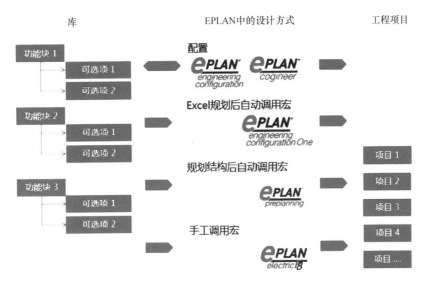

图 10-2 功能块配置自动生成原理图

上述所谓的"功能块"即为 EPLAN 中的宏。为了让 EPLAN Cogineer 自动生成原理图，必须要先创建一个宏项目将宏有效管理起来，宏项目是 EPLAN Cogineer 能够自动生成原理图的基础。

10.1.1 术语解释

宏项目是一种特殊的项目类型，用于管理宏和简化宏的创建过程。这种项目类型是在项目属性中进行定义的。宏项目中没有关联参考，只有源和目标在同一页上的连接才会被创建出来，中断点也会被看作是连接的目标。线束和网络连接并不会在宏项目中被生成出来。宏项目结构示例如图 10-3 所示。

 提示：

使用#作为各种功能和变量的层级标识，可以形成一个结构清晰的数据库，且这个层级结构不会被带入到实际的原理图项目中，如图 10-3所示。

图 10-3　宏项目结构示例

10.1.2　创建宏项目

创建宏项目的步骤与创建普通项目一致。项目创建完成之后，需要打开【项目属性】，更改"项目类型"为宏项目，方法如图 10-4 所示。

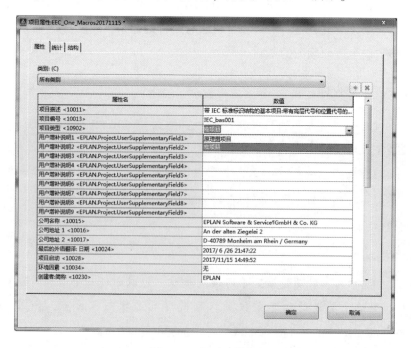

图 10-4　宏项目设置

复杂产品的原理图宏的构建是建立在标准化和结构化基础上的。在我们安装 EPLAN 2.7 及以上版本之后，系统的项目文件夹中可以找到一个示例的宏项目，这个项目对一个切削工件生产线图纸进行了结构化拆分。感兴趣的用户可以参考这个示例项目（见图 10-5），也可以通过 EPLAN 官方提供的咨询服务获取相关支持。

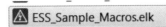

图 10-5　示例宏项目

10.2　EPLAN Cogineer 安装

EPLAN Cogineer 可以让制图的工作轻松转变为自动化的过程。只需要按一个按钮，就可以自动生成电气和流体的原理图图纸，无须专业的软件程式设计能力，通过简单的培训工程师即可具备后续系统维护的能力。

EPLAN Cogineer 的安装非常便捷，只需要打开安装包，找到 Setup. exe，右击以管理员身份运行，如图 10-6 所示。

Name	Date modified
Cogineer (x64)	11/2/2017 1:13
Documents	11/2/2017 1:13
Download Manager (x64)	11/2/2017 1:13
License Client (Win32)	11/2/2017 1:13
License Client (x64)	11/2/2017 1:13
Setup	11/2/2017 1:13
Setup Manager (x64)	11/2/2017 1:13
setup.exe	11/2/2017 1:12

图 10-6　安装目录

安装过程中无须修改设置，只要单击下一步，直至安装完成即可。如图 10-7 所示。

EPLAN Cogineer 的授权是与 EPLAN Electric P8 或 EPLAN Fluid 的授权绑定的，用户在购买 EPLAN Cogineer 并交付年费之后，会获取一个软授权号码和激活码。激活方式与 EPLAN 其他产品类似，在已激活 EPLAN Electric P8 或 EPLAN Fluid 的基础上，通过 ELM（网络版授权）或 License client（单机版授权），输

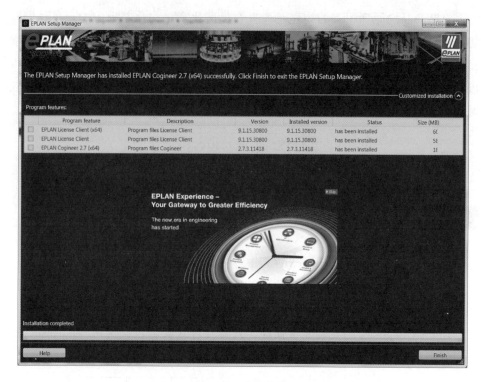

图 10-7   完成安装

入软授权号码和激活码，即可成功激活 EPLAN Cogineer。

10.3   EPLAN Cogineer 项目创建者

如果把 EPLAN Cogineer 自动生成原理图的过程比作搭积木，那么搭积木的过程中共有两个重要角色，一个是加工积木块的人，他会准备好正方体、柱体、三角等不同形状的积木（宏），在 EPLAN Cogineer 中做好各个积木块互相拼接的规则，这就是 EPLAN Cogineer 中的 Designer；另一个则是使用积木的人，他可以直接调用准备好的积木块和拼接规则，搭建成小屋、城堡，这就是 EPLAN Cogineer 中的 Project builder。

10.3.1   术语解释

1. Designer（项目架构者）

在 Designer 模块中，可以定义和编辑各种配置器，这些配置后会形成Project

builder（项目创建者）中相应的工程师配置图纸的界面。为了创建这样的配置器，需要先创建宏 Typical、Typical 组和配置器，并为它们定义规则。之后，工程师可以在 Project builder 的配置器中根据实际项目选择各种配置选项，在这些配置器的基础上，工程师可以一步一步地为不同的产品变量生成对应的项目文档。

2. Project Builder（项目创建者）

在 Project Builder 中可以配置 Designer 中定义好的配置器。在配置器和预定义好的规则的基础上，可以通过寥寥几步为不同的产品变量生成项目文档。

10.3.2 示例项目中的 Project Builder

打开图 10-5 示例宏项目之后，可以通过【工具】>【Cogineer】>【Project Builder】打开项目创建者窗口（见图 10-8）。

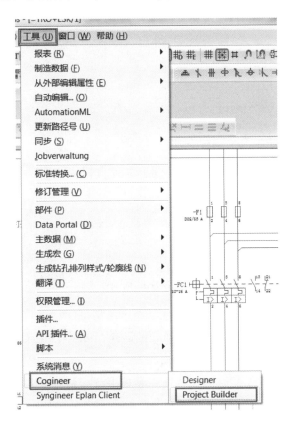

图 10-8 打开项目创建者窗口

我们需要在 EPLAN Electric P8 或 EPLAN Fluid 中创建一个空白项目作为目标项目，让图纸生成到这个新建的项目中去（如图 10-9 所示，将新建的空白项目选为目标项目）。

图 10-9　Project Builder

　注意：

必须选择已经打开的项目作为目标项目。

示例项目中提供了许多不同的配置供选择，可以单击其中某项配置进入配置界面，如【生成带变量的示例项目】。

通过配置 Project Builder 中的选项，并单击【生成配置】按钮，可以在目标项目中获得自动生成的图纸（如图 10-10 所示，通过示例配置【生成带变量的示例项目】的选项进行项目生成配置）。

图 10-10　示例配置界面

10.4　EPLAN Cogineer 项目架构者

当我们拥有了一个完备的宏项目之后，就可以利用它在 EPLAN Cogineer 中建立图纸生成的规则了。

10.4.1　术语解释

1. 宏 Typical

宏 Typical 是一个包含不同项目构成部分的结构和使用信息的组织结构。每个宏 Typical 构成需要产品的一部分。它可能描述一个产品功能，例如进料运输或者校准工件；也可能是一项技术任务，例如机器拓扑或者 PLC 控制。

2. Typical 组

Typical 组是用于对宏 Typical 和其他 Typical 组进行分组的组元素。

3. 配置器

用于完整地显示产品的所有可能的变量，它包含在 Project Builder 内进行配置的所有 Typical 和 Typical 组。在一个配置器中定义规则后，Project Builder 可以按照其特定的要求配置项目文档。

 提示：

Typical 和 Typical 组只有被拖拽到配置器中，才能被 Project Builder 调用。

10. 4. 2　Typical 的形成

Project Builder 看到的图纸生成界面是在 Designer 中进行定制的，我们可以通过【工具】>【Cogineer】>【Designer】打开项目架构者界面（见图 10-11）。

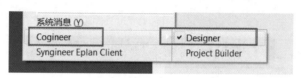

图 10-11　打开 Designer

 注意：

只有宏项目中才可以打开 Designer 进行架构界面设计。

在 Designer 中，可以定义不同的逻辑，定义宏生成的规则。可以通过定义 String 型变量形成下拉菜单，也可以定义 Boolean 变量形成复选框，使得某些宏只在特定的条件下才会生成。

Designer 中的逻辑定义决定了 Project Builder 看到的界面样式及宏被调用的条件（图 10-12 Designer 定义变量成了 Project Builder 看到的下拉菜单和复选框）。

1. 创建宏 Typical

通过创建 Typical，可以将宏放入 Typical 中并对其相互关系和生成逻辑进行定义。

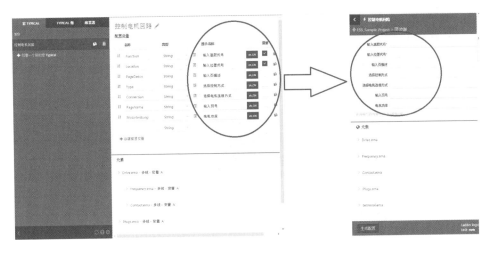

图 10-12　Designer 与 Project Builder

按照以下步骤，可以创建一个新的 Typical（见图 10-13）。

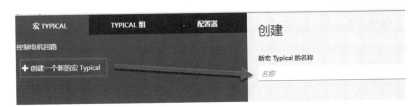

图 10-13　创建 Typical

（1）在页边栏内单击按钮 创建一个新的宏 Typical。

（2）在工作区域内的名称字段内为宏 Typical 输入想要的名称（如"控制电机回路"）。

（3）确认输入。

（4）视图切换到编辑模式。

（5）宏 Typical 被保存下来。

提示：

单击宏 Typical 名称旁的按钮 ▨ 可以复制 Typical，单击宏 Typical 名称旁的按钮 🗑 可以删除 Typical。

2. Typical 配置变量

配置变量是一个和宏变量有关联的全局变量。在生成项目文档的过程中，宏变量的值可以被配置变量的值替代。按照图 10-14 所示可以创建配置变量。

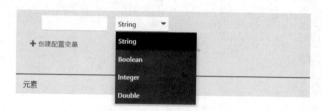

图 10-14　创建配置变量

配置变量分为四种类型：

（1）配置布尔型变量（Boolean）

如果需要 Project Builder 选择"是"或者"否"，就需要布尔型变量。

（2）字符串型变量（String）

如果想要 Project Builder 选择不同的文字选项，或者键入文字，就需要字符串型变量。

（3）配置整数型变量（Integer）或浮点型变量（Double）

如果想要 Project Builder 输入数值，数值是整数的话，就用整数型变量，如果是有小数点后的位数，就用浮点型变量。

我们可以通过【创建配置变量】的按钮来创建不同的变量，并指定变量的类型。在【显示名称】一项中，可以定义 Project Builder 看到的选项名称，这里填写内容的可以是多语言的，单击选项名称后的语言，即可进入多语言编辑界面，如果有设置字典库，还可以直接单击【翻译】按钮进行翻译（见图 10-15）。

图 10-15　多语言输入

在配置变量时，可以预定义选项（见图10-16）。

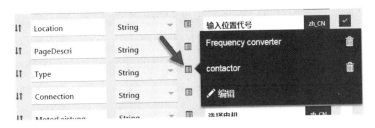

图 10-16　配置选项

3. 将宏添加到 Typical

打开【项目数据】>【宏】>【导航器】，可以按照如下步骤将宏添加到
Typical 中：

（1）在宏导航器中标记您想要添加到宏 Typical 内的宏。

（2）在工作区域内单击添加宏按钮（见图10-17）。

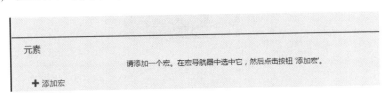

图 10-17　添加宏到 Typical

通过【激活】和【配置】按钮，我们可以控制宏的添加条件（见图10-18）。

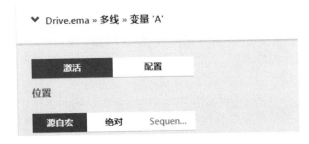

图 10-18　激活宏的配置

按钮激活：在生成项目文档时会始终使用宏。在 Project Builder 内不显示它。

按钮配置：让宏在一定条件下被使用。如果不录入任何信息，Project Builder
需要在生成项目文档时自行决定是否使用宏；一个带有配置变量的宏可以通过
录入一个公式进行控制，例如 = V1 = = ' 生成'。

4. 宏的坐标确定

在"位置"选项中，可以确定宏生成到图纸中的坐标。

源自宏：按照宏在宏项目中的原坐标生成。

绝对：可以输入一个绝对坐标（坐标原点为图框左下角，坐标是宏的基准点相对于坐标原点的位置）。

Sequencer：让宏上下左右一个挨着一个，或者以一定间距依次排开生成（见图 10-19）。

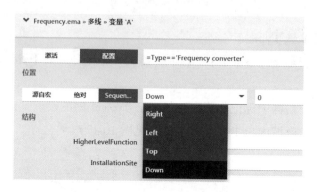

图 10-19   Sequencer 确定位置

5. 为宏变量赋值

我们可以在 Designer 中为变量赋值，如果是录入固定值，则录入值的所有区域将不会在 Project Builder 内显示。针对图纸结构，若激活复选框源自宏，即可使用已经在宏内存在的结构标识符的值，在 Project Builder 内将不会显示用于配置的结构标识符。

 提示：

如果未规定结构标识符的数值，那么宏继承之前的宏的值。这不适用于列表中的第一个宏。如果存在一个继承的值，那么会在相应的字段内作为灰色显示的文本显示。

使用相同结构标识符的所有宏在工作区域内均被缩进显示。如果在工作区域内单击一个宏，则将用颜色突出显示使用相同结构标识符的所有宏。

我们也可以选择将宏变量与配置变量相关联。利用公式"＝"可以对变量进行关联（见图 10-20）。

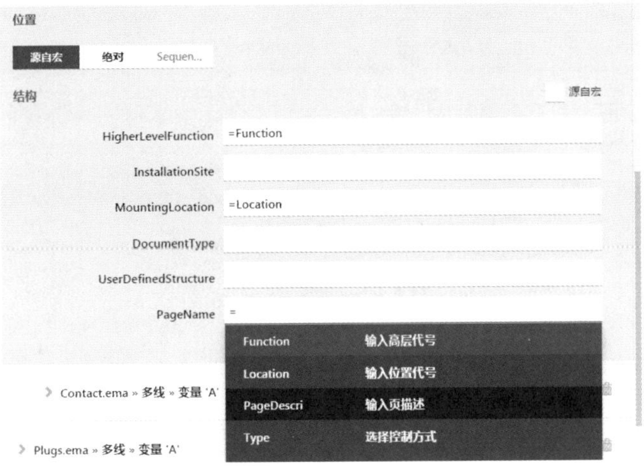

图 10-20　宏变量关联配置变量

6. 获取占位符对象中的变量

如果向一个 Typical 中添加了一个包含带有值集的占位符对象的宏，就能够从占位符对象中自动生成一个配置变量。值集会自动形成配置变量的预定义值。

操作方法:

1）插入带占位符对象的宏，在变量下方显示宏的占位符对象。在下拉列表中显示可用的值集。

2）单击相应的占位符对象输入区旁边的按钮（见图 10-21）。

3）回到上方配置变量的区域，可用的值集会自动添加到预定义值内。

图 10-21　传递占位符对象的值集

10.5　Typical 组

利用 Typical 可以形成 Typical 组，实现 Typical 与 Typical 之间的逻辑互联

（见图 10-22）。

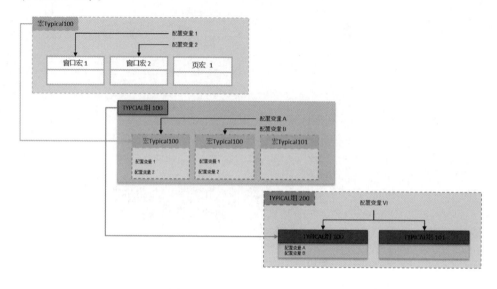

图 10-22   Typical 组、Typical、宏

在 Typical 组中可以 对 Typical 和其他 Typical 组进行分组。这样我们能够针对一个 Typical 组的所有元素定义一个通用配置界面。

操作步骤：

1）在 Designer 区域内单击选项卡 Typical/Typical 组。

2）在查找内输入您想要添加的元素名称，或者在列表中选择它。

3）通过拖拽将元素拖到工作区域中想要的位置。

如图 10-23 三个区域。在区域 1 选择一个已有的 Typical 组或者创建一个新的 Typical 组，在区域 3 选择一个宏 Typical 或 Typical 组，拖拽到区域 2。

图 10-23   配置 Typical 组

10.5.1 配置项目生成器

配置器与 Typical、Typical 组的关系如图 10-24 所示。

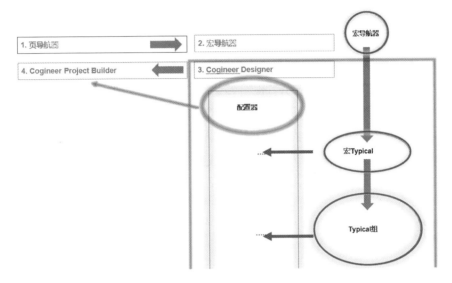

图 10-24 配置器与 Typical、Typical 组的关系

10.5.2 构建项目配置器

配置器的构建方法与 Typical 组类似，先新建一个配置器，再在右边区域将所需的 Typical 或 Typical 组拖拽到配置器中使用（见图 10-25）。

图 10-25 构建配置器

通常，Project Builder 中的配置器用户界面包含我们为配置器元素定义的所有配置变量的显示名称。也可以通过定义条件，将 Project Builder 中的配置器用户界面设置为动态用户界面。

为此，需要控制显示名称的可见性。定义条件，确保仅当满足这些条件时，特定的显示名称才可见。我们可以使用公式创建条件，将结果写入一个布尔型变量，仅当结果为"是"时，显示名称才可见。

操作方法：

1）通过单击配置变量名称旁边的按钮 ❯，展开第二个配置变量的视图，将显示可见度输入区。

2）在这里输入一个结果取决于第一个配置变量值的公式。

3）如果结果为"真"，则第二个配置变量的显示名称在 Project Builder 中可见。如果结果为"假"，则显示名称不可见。

一个配置界面是由宏 Typical、Typical 组和配置器一层一层构成的。Typical 是构成配置器的最小单元，Typical 可以组成 Typical 组，在其中实现一些更复杂的逻辑关联。Typical 和 Typical 组可以构成配置器，配置器决定了最终 Project Builder 看到的配置界面。

10.6   工程案例

本章以一个电机回路为实例，展示宏项目的拆分原则和 EPLAN Cogineer 规则的配置。电机回路是典型的可配置回路，其中电机的功率会影响各个元件选型；电机可以直接起动、正反转或者通过变频器驱动；连接也可能通过端子或插头。这些都可以构成一个简单的可配置回路（见图 10-26）。

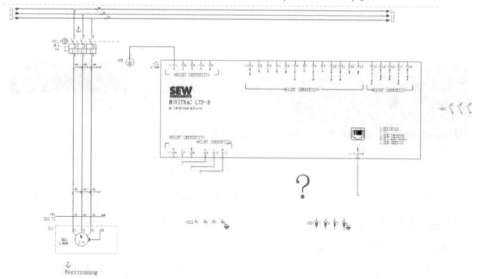

图 10-26   电机控制回路及其变形

创建一个宏项目，其中包含：

（1）空白的基本页宏（见图10-27）。

图 10-27   空白页宏

（2）窗口宏：基本电机回路（见图10-28），这是电机回路中图形不会发生变化的部分，其中电机功率变化会影响电机保护开关、电缆、电机的选型，这样的属性变化可以通过占位符对象实现。

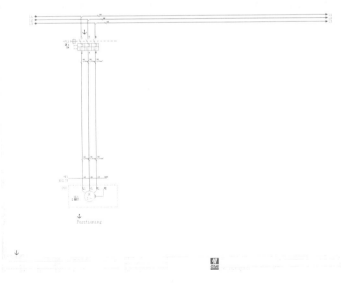

图 10-28   电机基本宏

占位符对象的创建和宏的定义方法参考 EPLAN Electric P8 教程宏相关章节。

要将占位符对象的变量传递到 EPLAN Cogineer 中，我们需要对占位符对象进行命名，命名语法为"#＜占位符对象名称＞"，如图 10-29 所示为一个示例。

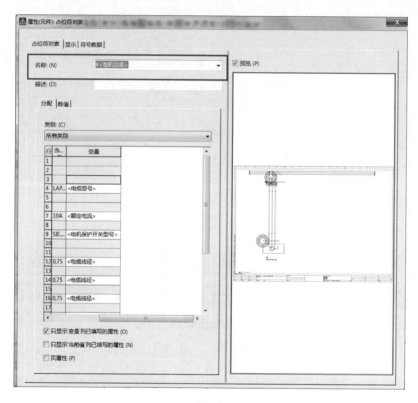

图 10-29　占位符对象示例

（3）窗口宏-可变部分（图形变化），电机和柜内设备可能是通过端子连接，也可能是通过插头连接；电机可能是直接起动（见图 10-30），也可能是通过变频器驱动（见图 10-31）。这些变化会影响图纸的图形，因此要作为窗口宏拆解。

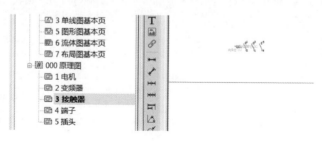

图 10-30　直接起动

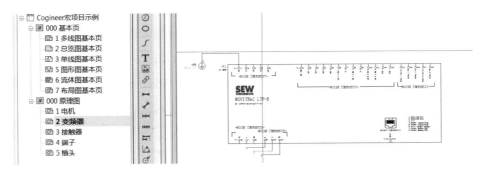

图 10-31 变频器驱动

💡 **提示：**

可以先把完整的回路绘制好，然后将需要拆解出去的图块剪切，并粘贴到新的图纸页。粘贴的时候，在图块未被放下之前，按下 < X > 键，再按下 "Y" 键，可以让图块回到原来的位置。

保留图块的原坐标，可以方便我们在生成图纸时不需要做太多坐标调整的工作。

（4）通过项目数据-宏-自动生成，生成宏文件到对应的文件夹中。

将图 10-26 中的宏依次插入到 Typical 中，定义变量让 Project Builder 可以选择驱动电机的方式（变频器/直接起动）、电机功率及连接方式（端子/插头），可以参考图 10-32 的变量设置。

控制电机回路 ✎

配置变量

	名称	类型		显示名称		需要		
↕	Function	String ▾	🔲	输入高层代号	zh_CN	☑	📋	🗑
↕	Location	String ▾	🔲	输入位置代号	zh_CN	☑	📋	🗑
↕	PageDescri	String ▾	🔲	输入页描述	zh_CN	☐	📋	🗑
↕	Type	String ▾	🔲	选择控制方式	zh_CN	☐	📋	🗑
↕	Connection	String ▾	🔲	选择电机连接方式	zh_CN	☐	📋	🗑
↕	PageName	String ▾	🔲	输入页号	zh_CN	☐	📋	🗑
↕	Motorleistung	String ▾	🔲	电机功率	zh_CN	☐	📋	🗑

图 10-32 变量设置示例

高层代号和位置代号可以作为自由输入的 String 型变量，控制方式和电机连接方式可以分别设置下拉菜单（见图 10-33），如：控制方式 – "变频器驱动"或"直接起动"，注意选项可以是中文的，但变量名最好以英文字母命名。

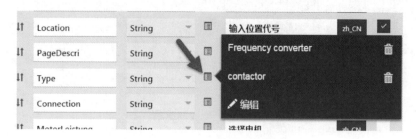

图 10-33　控制方式下拉菜单

打开【项目数据】>【宏】>【导航器】，将准备好的宏添加到 Typical 中，并对变频器宏、接触器宏、端子宏、插头宏的生成规则进行配置，如图 10-34 所示。

图 10-34　宏生成规则配置

因为生成规则简单，无需定义 Typical 组，只需要新建一个配置器，将

Typcial拖入即可。

打开 Project Builder 可以看到图 10-35 所示的界面。测试一下生成图纸的效果吧。

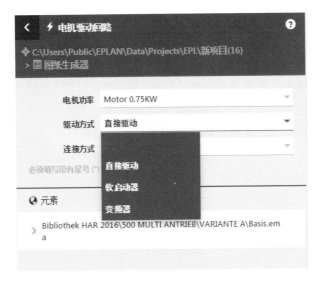

图 10-35   Project Builder 界面

EPLAN 示例宏项目向我们展示了一套复杂的、拥有多重变量的图纸，在经过结构化拆分之后，可以做到自动生成。通过刚才的电机回路迷你图纸配置器可以看到，一些典型的小功能回路，也可以通过 EPLAN Cogineer 变得灵活自动。对标准化程度较高的设备，我们甚至可以想象，销售获取客户需求之后，可以直接通过配置 Project Builder 界面，在几分钟内完成电气、液压、气动图纸的生成（见图 10-36）。

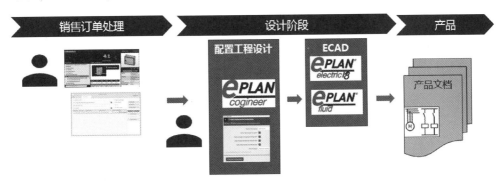

图 10-36   理想的自动化出图进程

通过这些图档，可以自动生成各种报表，指导生产加工，工人不必再抱着厚厚的图纸，甚至可以不必读懂图纸，只要按照完备准确的报表，即可完成装配。

EPLAN Cogineer 可以让工程师从繁杂的复制粘贴工作中解放出来。其优势在于：

1）统一管理图块库，实时更新同步，变更记录可追踪。

2）自动快捷生成图纸。

3）新员工也能迅速上手，省去大量培训时间。

4）配置窗口和图纸无缝对接，界面用户友好度高。

5）无须二次开发，即可获得自定义的配置界面。

图 10-37 向我们展示了从标准化走向自动生成原理图的进阶蓝图。

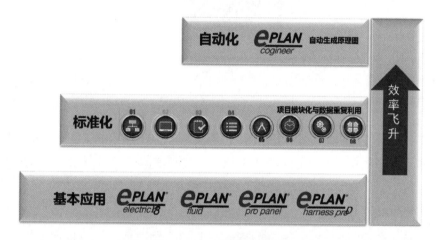

图 10-37   EPLAN Cogineer 高效进阶蓝图

第11章
EPLAN Data Portal

11.1 EPLAN Data Portal 简介

EPLAN Data Portal（以下简称 EDP）是 EPLAN 存储各大元件厂商部件的云平台，其功能主要分为两大块：面向制造商的应用和面向设计者的应用。

面向制造商的应用意味着 EDP 的云平台是链接 EPLAN 软件与元器件制造商的一个桥梁，任何有意向将其生产的元器件数据上传至 EDP 平台的制造商可以与我们合作，将部件数据上传到 EDP 云平台，供其客户（即下面提到的设计者）使用。

面向设计者的应用意味着工程项目的设计者可以通过访问 EDP 平台去搜索、下载、更新在工程项目中需要使用的部件，从而节约工程设计时间、减少工程设计差错。

11.2 EDP 基本术语

为了便于读者理解后面章节的内容，将 EDP 中所使用的基本术语在此统一阐述。

1. 部件

部件是制造商所制造元器件的数据集合。它包括型号、描述、尺寸、产品照片、使用手册、技术规格书、电气属性及图形表达等各种数据。

2. 产品组

为了在 EPLAN 部件库中更好管理元器件，EPLAN 定义了一系列的"产品组"，制作部件的过程中需要将各个部件与相应的"产品组"对应。

3. 功能定义

EPLAN 特有属性。通过为部件指定功能定义，EPLAN 软件能够正确描述与显示部件的电气属性，并与相应的电气符号以一定的规则进行关联，服务于原理图的绘制。

4. 宏

以重复使用项目某部分原理图为目的，例如页、窗口、符号等，为此需要重复部分单独保存为一个文件形式，这个文件形式叫宏。

11.3　面向制造商的应用

在进行工程设计时，不同设计者所设计项目的详尽程度完全不同，有的设计者只需要设计电气原理图，有的设计者还需要二维的安装板布局图，也有的设计者需要三维的安装布局，三维的布线，甚至钻孔图等。为此，EPLAN 公司为部件所包含的数据进行了分级，EDP 部件的创建都是按照这一标准进行的。

 提示:

元件制造商可以根据自己的需求选择需要上传至 EDP 平台的部件数据集。

部件分级的基本概念，如表 11-1 所示。

1）部件数据一~三级：用于原理图（电气、流体、工艺）设计，适用于 EPLAN Electric P8、EPLAN Fluid、EPLAN Preplanning 软件。

2）部件数据四级：用于二维安装板布局设计，适用于 EPLAN Electric P8 软件的"安装板布局"模块。

3）部件数据五~七级：用于三维布局、自动布线、自动钻孔设计，适用于 EPLAN Pro Panel。

表 11-1　部件数据分级

分　级	图标标记	名　称	主要用途	包含数据信息
一级		商业数据	用于创建采购清单	部件编号、名称、描述、制造商、订货号
二级		功能模板	用于基于对象设计	功能定义、技术参数、电子手册、图片
三级		逻辑宏	用于快速原理设计	原理图宏（多线、单线）、附件与附件列表
四级		2D 图形数据	用于二维布局设计	长度、宽度、高度、2D 安装板宏
五级		连接点排列样式	用于三维自动布线	连接点排列样式
六级		钻孔排列样式	用于三维钻孔设计	钻孔排列样式
七级		3D 图形数据	用于三维精美布局	3D 图形宏

11.3.1　一级数据（商业数据）

　　EDP 的一级数据向设计者展示了一款元件本身所具备的商业信息，如它的厂家、型号、订货号、采购的描述等，如图 11-1 所示。这些数据给设计者采购提供了极大的便利，当设计者从 EDP 中下载需要使用的部件用于原理图设计时，所有的部件数据都来自于厂家官方确认。当设计者的采购清单提交给采购部进行采购时，无须担心因为采购信息不清晰而导致的任何采购差错。

图 11-1　商业数据

11.3.2　二级数据（功能模板）

　　EDP 的二级数据向设计者提供了在 EPLAN 中使用该元件绘制原理图的所有

电气元素，在 EPLAN 中这些电气元素有一个特有的名称——功能模板。以下述中间继电器为例，作为一名设计者，需要在绘制原理图时用到这款继电器的："线圈 A1¶A2""常开辅助触点 13¶14""常开辅助触点 23¶24""常开辅助触点 33¶34""常开辅助触点 43¶44"，这五个电气元素组成了这款元件在 EDP 中的功能模板，如图 11-2 所示。顾名思义，功能模板完整表达了这款元件所具有的所有电气功能。

图 11-2   图片、手册、功能模板

除了上述功能模板之外，EDP 的二级数据，可以将元件的技术手册、元件相关网页链接、图片关联。也就是说，通过 EDP 的窗口，可以随时打开这款元件的技术手册，实时地看到这款元件的样貌。

11.3.3   三级数据（逻辑宏）

在二级数据中我们谈到了功能模板，虽然功能模板涵盖了一款元件所有的电气功能，但并不是所有的元件都如一款"中间继电器"或者一个"微型断路器"一般，仅仅用几个简单的符号就可以清晰地表达出工程师需要使用的所有电气信息。有些设备无法用标准的符号来表达，因此 EDP 引入了第三级数据。

EDP 的三级数据也称为复杂原理数据，在 EPLAN 中称之为逻辑宏。我们以较为复杂的"PLC 输入模块"为例。

1. 总览宏

对于一款 PLC 的输入模块，本身具有很多个输入连接点，这些连接点可能会分散在不同的原理图页面去表达，因此设计者可能希望有这样一个界面，通过这个界面可以对 PLC 输入点的使用情况整体把控：是否已经使用？用在哪个位置？用作什么功能？这些都是设计者非常关心的信息。而在 EPLAN 中，这样的一个元素叫作"总览宏"。如图 11-3 所示。

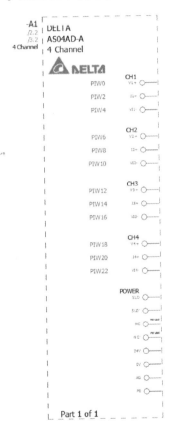

图 11-3   PLC 输入模块总览宏

💡 **提示：**

EDP 中并不是所有元件都具有总览宏，只有当需要满足上述特殊的使用功能时，总览宏才会被创建。

2. 原理图宏

如果"总览宏"是用于在原理图中对元件的综合管理与把控，那么"原理图宏"则是实实在在的用于原理图中设计逻辑的表达，"与什么设备形成连接？""每一个连接点的功能是什么？"都可以借助"原理图宏"清晰地表达出来。如图 11-4 所示。

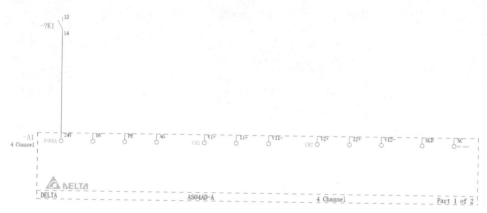

图 11-4   PLC 输入模块原理图宏

11.3.4   四级数据（2D 图形数据）

在进行工程项目设计时，设计者需要为生产装配创建指导性文档，比如 2D 的箱柜布局图，如图 11-5 所示。如果要使布置美观且精确，就需要准确地提供元件的长、宽、高尺寸以及元件清晰的正视图，以便于设计者在进行布局时可以大致地判断元件的安装位置是否合理、柜内空间布局是否合理。车间工人在进行实物装配时，可以根据视图快速地找到需要装配的部件。

为了达成上述设计者需求，EDP 引入了第四级数据：长、宽、高尺寸以及"2D 安装布局宏"。

"2D 安装布局宏"清晰地表达了一款元件在装配时的正面视图，并且以 1 : 1 的比例与实物匹配。

图 11-6 所示即为 11.3 节中描述的"PLC 输入模块"的正面视图，若没有此"2D 安装布局宏"，我们在安装板上只能得到外围的蓝色矩形框。

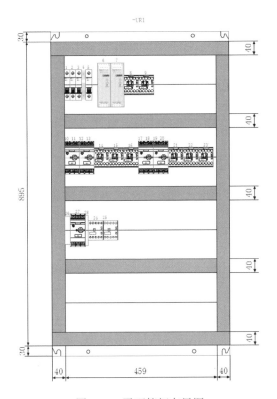

图 11-5 平面箱柜布局图

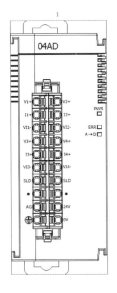

图 11-6 PLC 输入模块的 2D 安装布局宏

11.3.5　五级数据（连接点排列样式）

如今我们谈"数字化样机"的概念，实现这一概念就需要将元件通过三维空间真实地再现。EPLAN　Pro Panel 这款软件为元件的三维再现提供了平台，如图 11-7 所示。而 EDP 中五～七级数据都是服务于元件在三维空间的表达。

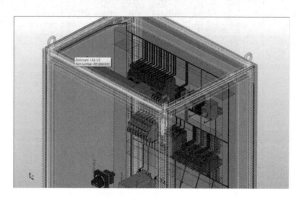

图 11-7　三维空间布局布线

EDP 五级数据称为"连接点排列样式"。设计者在 EPLAN 中原理图设计完成之后，接线图也就自然形成。而如何评估电缆和导线的长度、如何布线才能使布线路径最短最合理成为控制柜布线时需要关心的话题。若需要解决这些问题，在控制柜中完成图 11-8 所示的布线，就需要赋予元件"连接点排列样式"。"连接点排列样式"中清晰地表达每一个连接点的位置，连接点的引脚信息，连接点的出线方向。

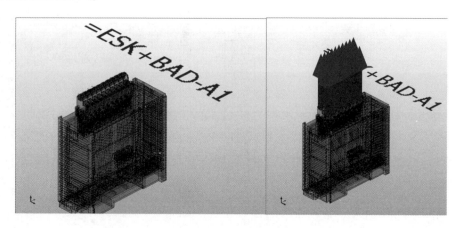

图 11-8　连接点排列样式

11.3.6 六级数据（钻孔排列样式）

EDP 六级数据称为"钻孔排列样式"，如图 11-9 所示。部件元件的装配需要在柜内安装板或柜门上进行钻孔，这些钻孔的数据同样可以集成在元件 3D 模型上，当元件放置到安装板或者柜门上时，这个钻孔数据被获取，在 EPLAN 中可以通过钻孔视图（见图 11-10）呈现出钻孔的大小以及在安装板或者门上的位置，准确地服务于电气柜安装开孔，有效防止因开错孔而使柜体报废。

图 11-9　钻孔排列样式

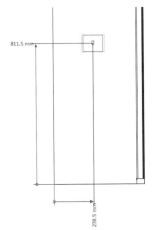

Cut-out legend

3			
Cut-out	X coordinate	Y coordinate	Cut-out size
Rectangle square	238.50 mm	811.50 mm	118.80 mm / 92.80 mm

图 11-10　钻孔视图

11.3.7　七级数据（3D 图形数据）

EDP 的五级、六级数据都需要以 3D 模型为载体，这个 3D 模型即为 EDP 的七级数据"3D 图形宏"，如图 11-11 所示。

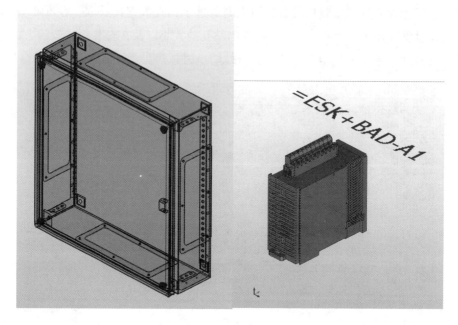

图 11-11　3D 图形宏

拥有"3D 图形宏"，才可以将一款元件实物以数字方式真实地再现，区分出元件的不同产品类别：机柜、线槽、导轨或是常规设备。通过这些设备的组合，设计者在三维环境中就可以提前判断布局的合理性，例如，元件放置过程中产生的干涉，而不至于将问题留到生产环节。

11.4　面向设计者的应用

元件制造商将其部件上传至 EDP 云平台后，设计者便可以访问这个网站去下载这些部件。

EDP 充分考虑了设计者不同的使用需求，以及与 EPLAN 合作将部件上传到 EDP 云平台的各大元件制造商的诉求，对于 EDP 这款云平台设定了三种不同的准入身份。

11.4.1　访客

对于不是基于 EPLAN 平台的设计者或者使用的是 CAD 软件的用户，EDP 平台提供了一种以"访客"方式进入到 EDP 的官方网站（见图 11-12），只需要进行免费注册，就可以在网站中搜索需要的部件。

图 11-12　EDP 网页版

可以将需要下载的部件添加到"购物车"。在"购物车"中，设计者可以下载到这些部件的"商业数据"和所有转化为 DXF 格式的"总览宏""原理图宏""2D 安装布局宏"，如图 11-13 所示。

图 11-13　购物车下载界面

提示：

DXF 格式为载体的这些宏文件仅仅是一个图形表达，并不存在任何内部逻辑。

11.4.2 标准版

如果是 EPLAN 的客户并且拥有 EPLAN 的 SWS（Software Service），就可以通过 EPLAN 的软件平台创建账户，如图 11-14 所示。

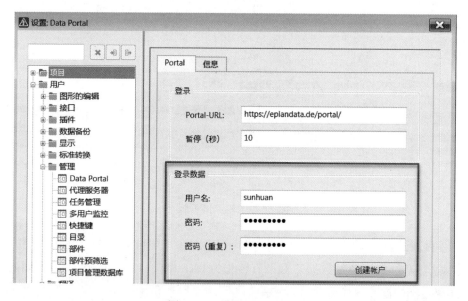

图 11-14　设置 Data Portal

账户创建成功后，即可在 EPLAN 软件中打开 EDP 的窗口，如图 11-15 所示。

通过 工具条可以按照设计者的需求进行原理图的设计。例如：设计者可以直接从 EDP 窗口将宏插入到原理图页面，可以将原理图上的宏指定为 EDP 上的某款部件，可以直接将 EDP 平台上的部件插入到原理图上，最重要的是设计者可以将 EDP 平台上的部件下载到本地数据库（EPLAN 本地部件库）。所有 EDP 中的数据都可以在这个本地数据库（见图 11-16）呈现，并且方便设计者重复使用。

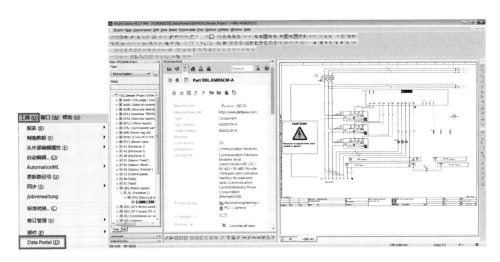

图 11-15　EDP 打开界面

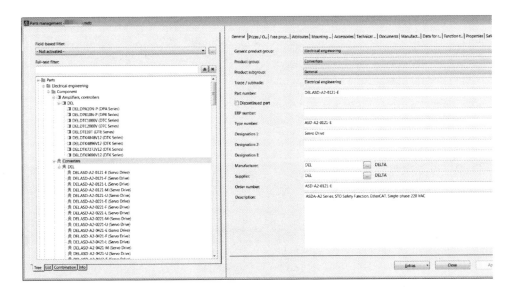

图 11-16　EPLAN 本地部件库界面

11.4.3　专业版

EDP 专业版为适应客户更高层次的使用需求，设置了相应的功能。

1. 批量下载

设计者可以通过 ". CSV" 格式的文件，以部件的型号、订货号这些字段到 EDP 平台上进行批量检索，检索的结果会显示在窗口中（见图 11-17），以此进行部件的批量下载。

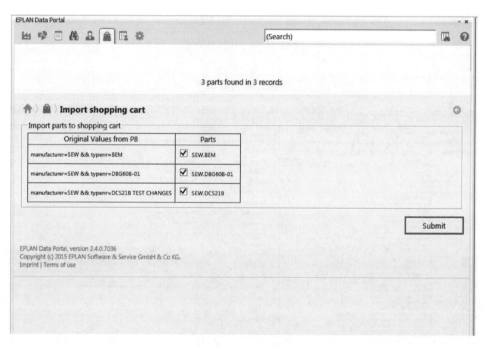

图 11-17　批量检索结果

2. 批量同步

每一次在 EPLAN 软件平台上打开 EDP 时，EDP 会询问设计者是否需要检查更新。此处的检查更新实际上是检查数据的同步性，即设计者 EPLAN 本地部件库中的部件与 EDP 平台目前的部件进行数据比对，如果 EDP 平台上的数据有更新，会弹出检查结果（见图 11-18），设计者可以自行选择是否需要更新。

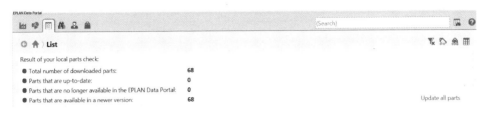

图 11-18　数据更新检查结果

3. 手动更新

设计者在 EPLAN 本地部件库中可以手动选择某一款部件，检查这款部件在 EDP 平台上目前的数据情况，通过单击菜单（见图 11-19）可随即跳转到 EDP 窗口，给出这款部件的数据比较结果（见图 11-20）。设计者也可自行决定是否需要更新。

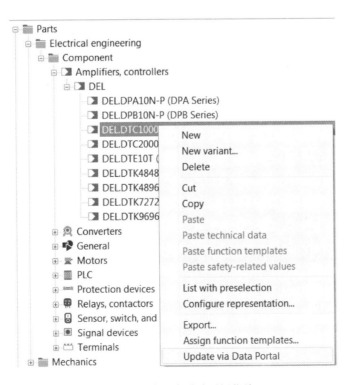

图 11-19　本地库手动更新菜单

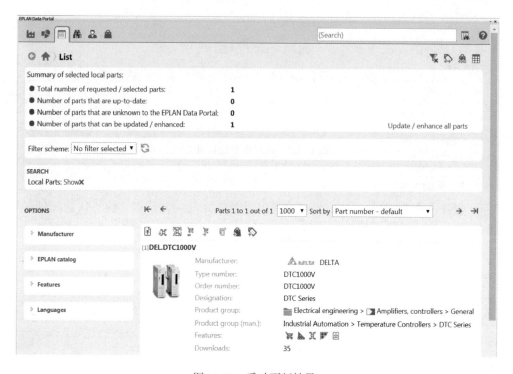

图 11-20   手动更新结果

11.5   工程案例

11.5.1   制造商收益

根据 EPLAN 多年的项目经验总结，制造商与 EPLAN 合作将其元器件上传至 EDP 云平台，其收益主要体现在下面几个方面：

1）帮助制造商梳理产品线上各个部件对应的图片、技术手册、DWG/DXF 文件、3D STP 文件等。

2）制造商可以将 EPLAN 交付的 EDZ 文件上传至其官网，供其客户下载使用。

3）制造商可以与 EPLAN 合作，在知名展会联合宣传，拓展销售渠道。

11. 5. 2　设计者收益

制造商将其元器件上传至 EDP 云平台，最终目的是使其客户（即设计者）受益，设计者的受益主要体现在下面几个方面：

1）实时下载工程设计需要用到的部件，节约自行创建部件的时间，缩短设计周期，从而缩短交付周期。

2）减少因临时创建部件造成的工程差错。

3）帮助设计者实现部件标准化，从而提高图纸交付的质量。

第12章
EPLAN ERP/PDM Integration Suite

12.1 EPLAN ERP/PDM Integration Suite 简介

12.1.1 EPLAN ERP/PDM Integration Suite 概述

在进行工程设计的过程中，为了更好地将 EPLAN 平台融入企业管理系统中，提高设计数据流通性，加强企业各部门之间的协作，同时考虑到系统集成的便捷性和通用性要求，EPLAN 联手 PDM 知名供应商推出标准集成接口套件 EPLAN ERP/PDM Integration Suite（以下简称 EPIS）。

EPIS 通过特定接口模块（由 ERP/PDM 的合作伙伴提供）对接企业特定的 PDM 或 ERP 系统，内部对接 EPLAN 平台设计数据，实现数据在 EPLAN 平台、客户 PDM 系统与 ERP 系统之间的流通，如图 12-1 所示。

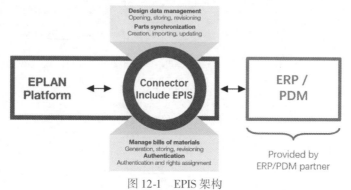

图 12-1　EPIS 架构

目前 EPLAN 已与市面上主流 ERP/PDM 完成了战略接口对接，包括 SAP、Windchill、Teamcenter、VAULT、PRO. FILE、ENOVIA，此外还与其他个别的或者合作伙伴的 PDM 系统完成了集成，例如 EPDM、HiCAD，如图 12-2 所示。

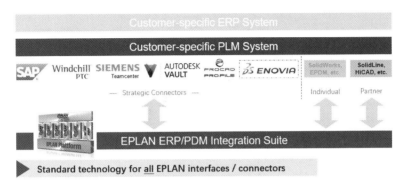

图 12-2 EPIS 战略接口及合作伙伴集成

12. 1. 2 EPIS 基本术语

EPIS 中使用的基本术语如表 12-1 所示。

表 12-1 EPIS 基本术语表

术　语	描　述
EPIS	EPLAN ERP/PDM Integration Suite，EPLAN 与 ERP/PDM 系统集成开发套件
ERP	Enterprise Resource Planning，企业资源管理规划，用于企业核心业务流程管理
ERP ECTR	ERP Engineering Control Center，工程控制中心接口，用于传递工程设计相关文件
PLM	Product Lifecycle Management，产品生命周期管理系统
PDM	Product Data Management，产品数据管理系统
API	Application Programming Interface，应用程序编程接口
BOM	Bill of Material，物料清单

12. 1. 3 EPIS 标准功能

EPIS 的标准功能如图 12-3 所示，包括：

1）设计数据管理：项目文件等相关数据文件的打开、存储和版本修订管理。

2）部件同步：元器件部件的创建、导入和更新。

3）BOM 管理：物料清单的生成、存储和版本修订管理。

4）权限管理：权限的认证及分配。

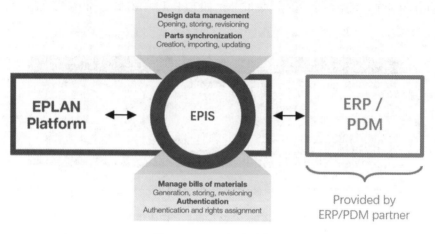

图 12-3　EPIS 标准功能

12.1.4　单一客户端的简单示例

EPIS 实现了由 EPLAN 客户端到 PDM 的数据传递，再经由 PDM 实现与 ERP 系统的传递。传递的数据包括部件元数据、项目元数据、项目文件以及项目物料清单，如图 12-4 所示。

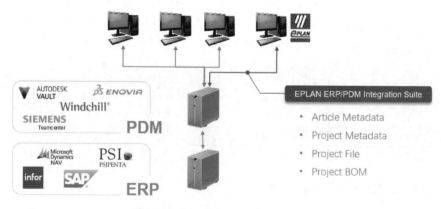

图 12-4　单一客户端示例

12.1.5　EPIS 的数据流

EPLAN 与 PDM 的集成本质上是设计数据的流通。

如图 12-5 所示，MCAD 与 PDM 交互物理数据，例如机械模型、三维设计模型等数据，同时创建或者更新机械 BOM 到 PDM 系统，但是逻辑数据、电气设计数据及电气 BOM 无法由 MCAD 实现与 PDM 集成。而 EPLAN 设计平台将会承担这部分职责。

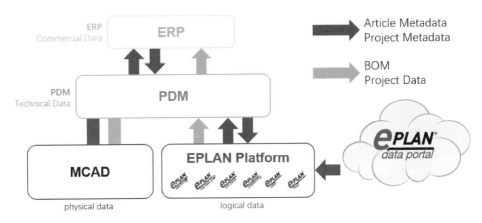

图 12-5　企业设计数据流示意图

EPLAN 设计平台从 EPLAN Data Portal 获取部件元数据参与设计，由 EPLAN设计平台产出电气部件元数据或者电气项目元数据传递给 PDM 系统，也可以从PDM 获取已经存在电气部件和项目元数据；而项目的电气物料清单会由 EPLAN设计平台产生、创建或者更新到 PDM 系统。

PDM 会整合机械设计与电气设计数据与 ERP 系统交互。至此就完成了企业产品设计流程的整合，将会显著提升设计流程的有效性。

12.1.6　EPIS 的功能

EPIS 通过调用 EPLAN 设计平台内部的 API 接口，实现生成 ZW1、PDF、BOM 等项目数据文件，可以通过 XML 配置 EPIS 生成其他生产设计相关的文件，例如导出 .DXF 格式的图纸、导出连接列表、导出标签等。而 EPIS 只需要企业在 ERP/PDM 服务器上额外部署一个对应的程序即可实现 EPIS 与 PDM 交互，而不需要做额外的开发工作。

EPLAN 设计平台特性包括：

1）项目文档的创建。

2）物料清单的创建。

3）创建用于查看和归档的通用格式文件。

4）提供检查例程和报表。

对应的 EPIS 能够完成的功能包括：

（1）签入/签出项目

在一个完整的项目周期中，需要有系统承担管理项目设计过程中产生的文件和数据的工作，EPIS 通过签入和签出项目到 PDM 系统，保证了项目数据在设计流程中的一致性。

（2）签入 BOM

物料清单作为贯穿从项目设计、采购、生成、交付等流程的重要生成数据，可以选择单独签入 PDM 系统，也可以随项目数据一起签入 PDM 系统。

（3）签入通用格式文档

在电气设计过程中产生的诸多通用格式文档，例如 .PDF、.txt 等格式文件可以通过配置实现与项目数据的同步上传。

（4）签入辅助设计文档

此外，一些辅助设计文档，例如连接列表、电缆图表、标签等文件可以通过配置与项目文件同步上传，也可以单独生成。

（5）同步部件元数据

部件作为电气设计的基石、EPLAN 面向部件设计理念的重要组成部分，需要 PDM 进行统一管理，并与企业内部其他系统（如 ERP 系统）实现同步。EPIS 提供了 EPLAN 与 PDM 之间部件信息的双向同步功能，可以单个同步，可以批量同步，也可以定时同步更新部件数据。

（6）水印

产生的文档可以在文本上显示水印。

12.2 EPLAN ERP/PDM Integration Suite 安装

12.2.1 安装

下载 EPIS 安装包，安装教程以 EPIS 2.7.3.3902 为例，安装 EPIS 需要先安装 EPLAN 设计平台 V2.7 产品。

从安装包中启动"Setup.exe"→【下一步】→【接收条款】→【填写公司相关信息】→【选择安装位置】。

　　如果是安装单机版本，则选择完整安装；如果需要同时安装到服务器和客户端，则选择自定义，分别安装需要的部分。

　　如图 12-6 所示，其中 Add-in ERP – PDM 为 EPLAN EPIS 插件，内置在 EP-LAN 软件中，通常部署在 EPLAN 客户端；Synchronizer 为部件同步服务，通常部署在服务器上。

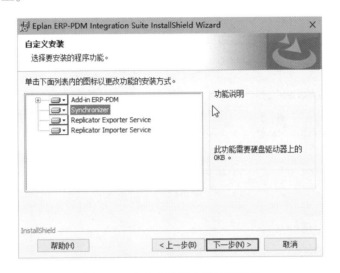

图 12-6　自定义安装功能选择界面

安装完成，EPIS 菜单显示在菜单栏中，如图 12-7 所示。

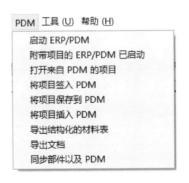

图 12-7　EPIS 功能菜单界面

12.2.2　卸载

　　运行安装包中的"Setup. exe"。启动程序后，遇到如图 12-8 的界面时，选择删除，执行程序命令。

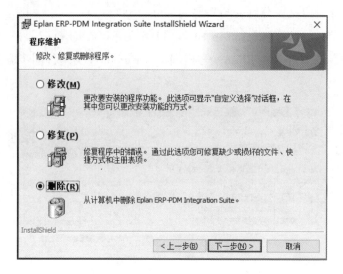

图 12-8   修改或删除 EPIS 界面

运行结束完成卸载。

12.2.3　更新

下载新版本的 EPIS 安装包，依次按照安装步骤操作即可完成安装；或者卸载旧版本，安装新版本，配置文件将会被保留。

EPIS 的版本更新信息如表 12-2 所示。

表 12-2　EPIS 的版本更新信息

版　本　号	说　　明
EPIS V2.7	发布于 2017.07.28，支持 EPLAN 设计平台 2.7 版本
EPIS V2.6 HF2	非正式版本，支持 Citrix
EPIS V2.7 HF1	支持 Harness，支持 Citrix

12.3　EPIS 与 PTC Windchill 的集成

PTC Windchill Connector 通过使用 Windchill 的 PDMLink 技术实现数据交互，使用 WTPart（Windchill 部件）来管理 EPLAN 的部件数据和文档，不需要额外添加 Workgroup Manager 功能。

12.3.1　版本矩阵

如表 12-3 所示，EPIS 与 Windchill 版本的匹配矩阵所示，为 EPIS 各个版本对 EPLAN 和 Windchill 的版本要求。

表 12-3　EPIS 与 Windchill 版本的匹配矩阵

EPLAN 版本	EPIS 版本	Windchill 版本
2.6	2.6.3	10.2
2.7	2.7.3	10.2
2.6	2.6.3	11.0
2.7	2.7.3	11.0
2.6	2.6.3	11.1
2.7	2.7.3	11.1

12.3.2　标准用户界面

如图 12-9 EPIS 与 Windchill 集成的标准用户界面所示，左侧为 EPLAN 软件内部的菜单界面，右侧为 Windchill 内部为 EPLAN 定制的功能菜单。

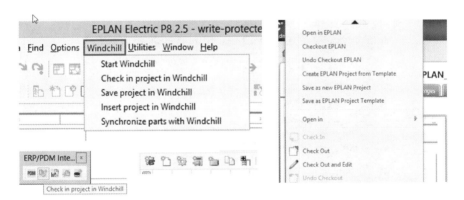

图 12-9　EPIS 与 Windchill 集成的标准用户界面

12.4　EPIS 与 Siemens Teamcenter 的集成

Siemens Teamcenter Connector 是基于 Teamcenter EDA Gateway 和 Teamcenter EDA Gateway for Library 技术实现的。

12.4.1 版本矩阵

如表 12-4 所示，为 EPIS 各个版本对 EPLAN 和 Teamcenter 的版本要求。

表 12-4　EPIS 与 Teamcenter 版本的匹配矩阵

EPLAN	EPIS	Teamcenter	EDA
2.6.3	2.6.3	10.1.X	2.0.5
2.6.3	2.6.3	11.2.X/11.3X	2.0.5
2.6.3	2.6.3	11.4.X	2.0.6
2.7.3	2.7.3	10.1.X	2.0.5
2.7.3	2.7.3	11.2.X/11.3X	2.0.5
2.7.3	2.7.3	11.4.X	2.0.6

12.4.2 标准用户界面

如图 12-10 所示，为 EPLAN 软件内部的 EPIS 与 Teamcenter 集成的菜单界面。

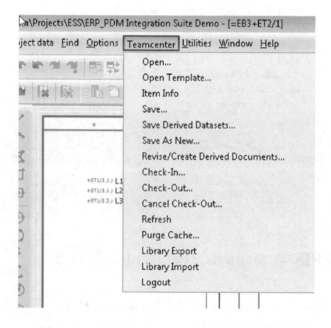

图 12-10　EPIS 与 Teamcenter 集成的标准用户界面

12.5 EPIS 与 SAP ECTR 的集成

12.5.1 版本矩阵

如表 12-5 所示，为 EPIS 各个版本对 EPLAN 和 SAP 的版本要求。

表 12-5 EPIS 与 SAP 集成的版本矩阵

SAP ECTR	Connector	EPLAN	EPIS
5.1	1.0.1	2.5	2.5
5.1.9	1.5	2.7	2.7

12.5.2 标准用户界面

如图 12-11 所示，为 EPLAN 软件内部 EPIS 与 SAP 集成的菜单界面。

图 12-11 EPIS 与 SAP 集成的标准用户界面

12.6 EPIS 与 Autodesk Vault 的集成

12.6.1 版本矩阵

如表 12-6 所示，为 EPIS 各个版本对 EPLAN 和 Autodesk Vault 的版本要求。

表 12-6   EPIS 与 Vault 集成的版本矩阵

EPLAN	EPIS	Vault Professional	Vault Connector
2.6	2.6.3	2017	1.4.3/1.5.0
2.7	2.7.3	2017	1.4.3/1.5.0
2.6	2.6.3	2018	1.4.3/1.5.0
2.7	2.7.3	2017	1.4.2
2.7	2.7.3	2018	1.4.3/1.5.0

12.6.2   标准用户界面

图 12-12 为 EPLAN 软件内部的 EPIS 与 Autodesk Vault 集成的菜单界面。

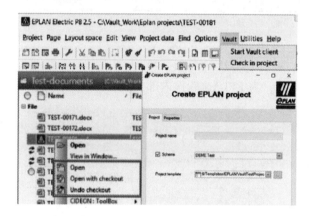

图 12-12   EPIS 与 Vault 集成的标准用户界面

12.7   EPIS 与 ProCAD Pro. File 的集成

12.7.1   版本矩阵

如表 12-7 所示，为 EPIS 各个版本对 EPLAN 和 Pro. File 的版本要求。

表 12-7   EPIS 与 Pro. File 集成的版本矩阵

EPLAN	EPIS	Pro. File	Pro. File Connector
2.6	2.6.3	8.6 SP10	8.6 SP10
2.7	2.7.3	8.6 SP10	8.6 SP10
2.6	2.6.3	8.7 SP3	8.7 SP3
2.7	2.7.3	8.7 SP3	8.7 SP3

12.7.2 标准用户界面

如图 12-13 所示，左侧为 EPLAN 软件内部的菜单界面，右侧为 Pro. File 内部的界面样式。

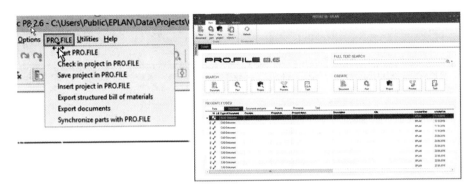

图 12-13 EPIS 与 Pro. File 集成的标准用户界面

12.8 工程案例

以下所有演示，均使用 EPLAN ERP/PDM Simulation 来仿真 ERP/PDM 的功能。

12.8.1 EPLAN ERP/PDM Simulation

EPLAN ERP/PDM Simulation 是 EPLAN PDM 仿真系统，可以模拟 PDM 系统的功能。

1. 项目

如图 12-14 所示，项目视图包含新建 EPLAN 项目、签入、签出和修改项目属性的功能。

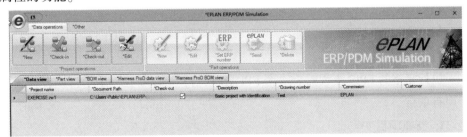

图 12-14 Simulation 项目功能展示

2. 部件

如图 12-15 所示，部件视图包含新建部件、修改部件、设置 ERP Number、同步部件到 EPLAN 和删除部件功能。

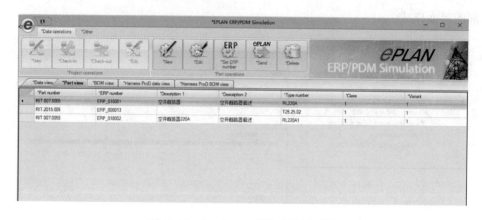

图 12-15   Simulation 部件功能展示图

3. BOM

如图 12-16 所示，BOM 视图包含查看签入的项目 BOM 的功能。

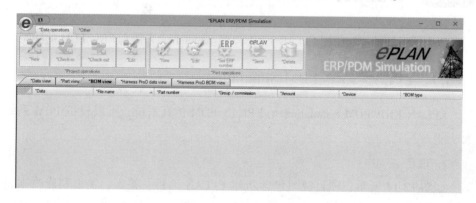

图 12-16   Simulation BOM 视图展示的信息图

12.8.2   打开 EPLAN 项目

执行完整的 EPIS 流程需要一个 EPLAN 项目，可以新建一个项目或者打开一个现有项目。

1. 新建项目

单击【项目】>【新建】，填写项目名称，选择项目模板，设置其他项目信息，单击【确定】，成功创建项目（见图 12-17）。

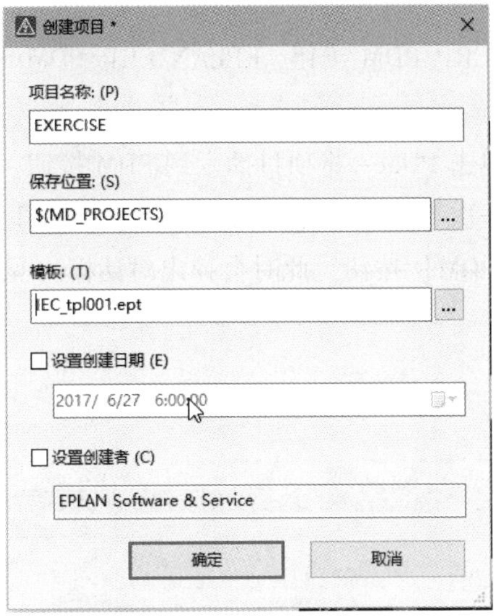

图 12-17　创建项目

2. 打开项目

单击【项目】>【打开】按钮，选择打开目标项目（见图 12-18）。

图 12-18　打开项目

12.8.3　签入 EPLAN 项目

在此前新建或者打开的项目中填充一些图纸和部件，方便练习。

　　签入 EPLAN 项目，是将 EPLAN 项目相关文件以及 BOM 上传到 PDM 系统中。

　　单击 PDM→启动 ERP/PDM 按钮，EPLAN ERP/PDM Simulation PDM 仿真软件界面。

　　选择之前的项目单击 PDM→将项目插入到 PDM 按钮。

　　通常情况下，第一次签入选择【将项目插入到 PDM】按钮，后续的签入操作使用【将项目签入 PDM】按钮。此时会弹出对话框（见图 12-19）。

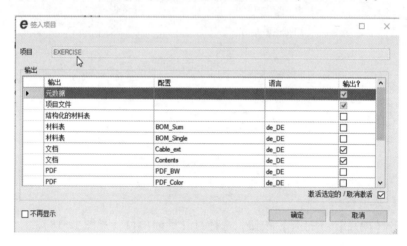

图 12-19　签入项目对话框

　　此对话框会显示所有可以签入项目相关文件和数据，取消勾选结构化的材料表（后续会有单独章节介绍），单击确定。

　　EPLAN PDM 仿真系统会显示刚刚签入的项目，这样 EPLAN 的项目交由 PDM 系统统一管理。

12.8.4　签出 EPLAN 项目

　　打开 EPLAN PDM 仿真系统，单击之前签入的项目，单击【Check Out】按钮，如图 12-20 所示。

　　该操作会将项目存放到 EPLAN 同步目录中，并将该项目在 EPLAN PDM 仿真系统中的状态设置为签出状态。

　　单击 EPLAN 中的 PDM→ 打开来自 PDM 的项目。

　　该项目会被还原移动到项目目录中，项目成功在 EPLAN 中打开，如图 12-21 所示。

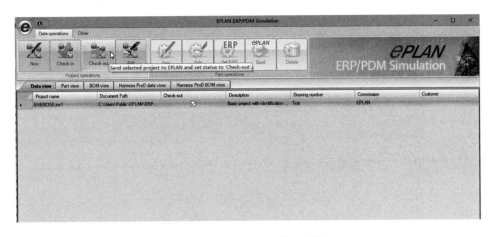

图 12-20 Simulation 签出项目

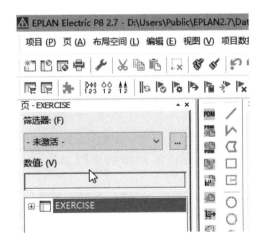

图 12-21 签出后打开项目

12.8.5 新建部件从 EPLAN 同步到 ERP/PDM

EPLAN 与 PDM 系统集成的另一大功能就是元器件数据的同步，这能够保证 PDM、ERP、EPLAN 部件库中的元器件数据是统一的。先在 EPLAN 中新建部件，单击【工具】>【部件】>【管理】，右键部件，单击新建部件。

添加部件信息，单击应用，更新到 EPLAN 部件库（见图 12-22）。

单击 PDM→同步部件以及 PDM，新建的部件元数据就会同步到 EPLAN 仿真 PDM 系统中（见图 12-23）。

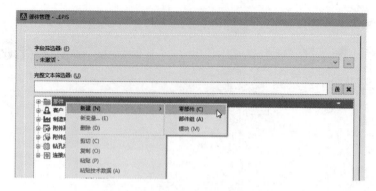

图 12-22　新建 EPLAN 零部件

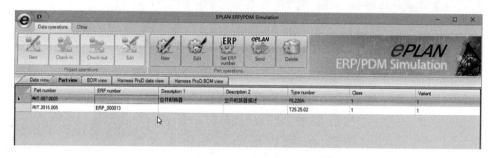

图 12-23　Simulation 部件同步

12.8.6　新建部件从 ERP/PDM 同步到 EPLAN

在 EPLAN PDM 仿真系统中单击【New】菜单，输入相关信息单击【Create】按钮，完成部件创建，如图 12-24 所示。

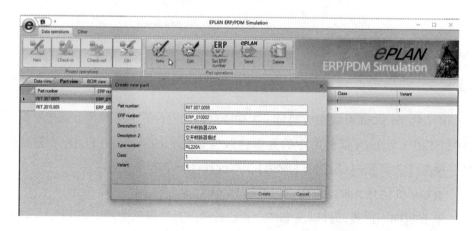

图 12-24　Simulation 新建部件

单击【Send】按钮，将新建的部件信息同步到 EPLAN 部件库。新添加的部件如图 12-25 所示。

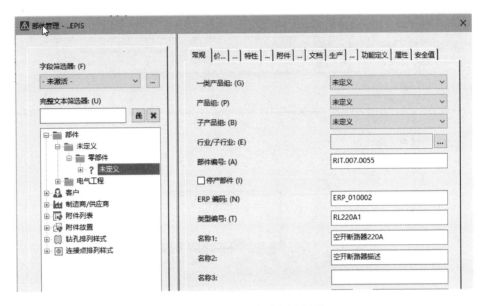

图 12-25　EPLAN 部件同步结果

12.8.7　导出 EPLAN 项目 BOM

BOM 是电气生产的核心数据之一，EPIS 会负责电气 BOM 在 EPLAN 到 PDM 系统之间的单向传递。

导出项目的 BOM 可以通过签入项目时勾选"结构化的材料表"，或者通过单击 PDM 菜单的"导出结构化的材料表"按钮。

如图 12-26 所示，依此选择 EPLAN 标准（例如高层代号），设置过滤器，设置外部组件的名称，单击【确定】，结构化的物料清单将会被传递到 EPLAN PDM 仿真系统，结果如图 12-27 所示。

12.8.8　导出 EPLAN 项目文件为通用格式文件

除了上述数据，EPIS 还支持导出 EPLAN 产生的一些通用格式文件、报表。

单击 PDM→导出文档，选择想要导出的文档单击【确定】，如图 12-28 所示。生成的文档如图 12-29 所示。

图 12-26　EPIS BOM 同步界面

*Data	*File name	*Part number	*Group / commission	*Amount	*Device	*BOM type
2018/8/22 14:11	C:\Users\Public\EPLAN\ERP-P...	RIT.2500211	位置1	6	<<...>>	*Structured Bom*
2018/8/22 14:11	C:\Users\Public\EPLAN\ERP-P...	RIT.2500210	位置1	1	=CA1++SA1+EAA-V1	*Structured Bom*
2018/8/22 14:11	C:\Users\Public\EPLAN\ERP-P...	RIT.2500212	位置1	5	<<...>>	*Structured Bom*
2018/8/22 14:11	C:\Users\Public\EPLAN\ERP-P...	RIT.2500213	位置1	10	<<...>>	*Structured Bom*
2018/8/22 14:11	C:\Users\Public\EPLAN\ERP-P...	RIT.2500214	位置1	7	<<...>>	*Structured Bom*
2018/8/22 14:11	C:\Users\Public\EPLAN\ERP-P...	RIT.2500216	位置1	4	<<...>>	*Structured Bom*
2018/8/22 14:11	C:\Users\Public\EPLAN\ERP-P...	RIT.2500215	位置1	3	<<...>>	*Structured Bom*
2018/8/22 14:11	C:\Users\Public\EPLAN\ERP-P...	RIT.2500215	位置2	2	<<...>>	*Structured Bom*
2018/8/22 14:11	C:\Users\Public\EPLAN\ERP-P...	RIT.2500214	位置2	8	<<...>>	*Structured Bom*
2018/8/22 14:11	C:\Users\Public\EPLAN\ERP-P...	RIT.2500212	位置2	2	<<...>>	*Structured Bom*
2018/8/22 14:11	C:\Users\Public\EPLAN\ERP-P...	RIT.2500216	位置2	5	<<...>>	*Structured Bom*
2018/8/22 14:11	C:\Users\Public\EPLAN\ERP-P...	RIT.2500211	位置2	1	=CA2++SA2+EAA-S2	*Structured Bom*
2018/8/22 14:11	C:\Users\Public\EPLAN\ERP-P...	RIT.2500213	位置2	4	<<...>>	*Structured Bom*

图 12-27　Simulation BOM 同步结果

输出文档
项目
EXERCISE
输出
输出
配置
语言
输出?
元数据
项目文件
结构化的材料表
材料表 BOM_Sum de_DE
材料表 BOM_Single de_DE
文档 Cable_ext de_DE
文档 Contents de_DE
PDF PDF_BW de_DE
PDF PDF_Color de_DE
激活选定的 / 取消激活
不再显示
确定
取消

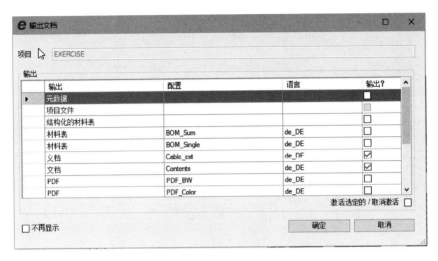

图 12-28　EPIS 导出通用格式文件功能界面

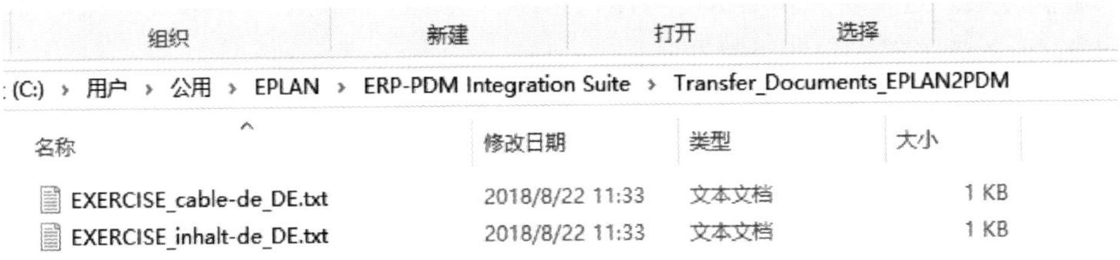

组织
新建
打开
选择
(C:) › 用户 › 公用 › EPLAN › ERP-PDM Integration Suite › Transfer_Documents_EPLAN2PDM
名称
修改日期
类型
大小
EXERCISE_cable-de_DE.txt 2018/8/22 11:33 文本文档 1 KB
EXERCISE_inhalt-de_DE.txt 2018/8/22 11:33 文本文档 1 KB

图 12-29　导出结果

第13章
EPLAN Syngineer

EPLAN Syngineer 是 EPLAN 和 CIDEON 共同开发的一个机电一体化协同设计的解决方案。这个新开发的机电一体化系统，实现了机械工程、电气/控制工程以及 IT/软件工程之间的协同设计。

在机电一体化工程中，机械工程、电气/控制工程以及 IT/软件工程这三个学科通常是串行工作的，这导致了无效的等待时间和工期的严重滞后。信息在不同的系统中创建，未对差异进行梳理便将其整合在一起，从而导致错误经常发生。口头协定、电话和电子邮件难以记录，从而使项目、文档、技术参数和信息缺乏直接的联系。

不同的工程学科有不同的工作方法，这阻碍了学科间的有效合作。机械工程的用户通常根据零部件进行设计，并着重于采购、生产和装配方面的要求；电气/控制工程的用户采用基于功能的方法，侧重于文档和标准化；而 PLC 程序员采用功能块工作。

13. 1　EPLAN Syngineer 简介

13. 1. 1　EPLAN Syngineer 概述

Syngineer 通过实时通信和数据交换，实现了工程学科的并行工作，能够将机械工程、电气/控制工程以及 IT/软件工程传统上的不同视角整合在一个跨学科的结构中。这种结构可以根据需要进行定义，从而实现一个机电一体化功能、需求和组件的共享视角。无论是进行全新的设计还是改进已有的设计，所有参与开发的人员都能够以这种结构为基础，相互直接沟通并实时协同工作。

13.1.2 传统的串行设计流程

传统的工程设计中，不同学科的设计是按照顺序进行的，如确认客户需求、确定产品设计后，一般先进行机械机构的设计，然后是电气、气动、液压和仪表控制等的设计，随后进行 PLC 的编程，接着再到工厂的生产，最后完成产品的装配、调试和交付。如图 13-1 所示，一个完整的流程被分离开来，不同设计专业的角度不同。同一元器件在不同学科中的表达不同，同一数据的复用率降低，并且不同部门之间的沟通效率较低，协同合作较差。

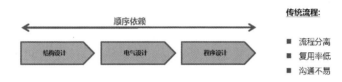

图 13-1 传统的串行设计流程

客户在实际沟通中的情况是：不同专业采用不同工具、文件格式不同、方法和流程不同、部门和人员众多等，这样就面临诸多挑战，如图 13-2 所示。

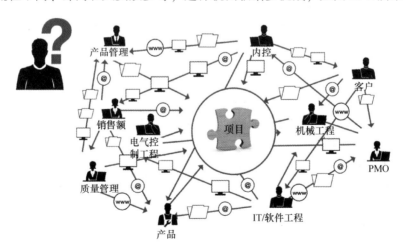

图 13-2 传统沟通工具

额外重复性的工作、额外增加的成本、员工积极性下降等，因此造成的后果是：项目无法按时交付、项目不能盈利、质量降低、客户满意度下降等。

13.1.3　现代的并行设计流程

在工业4.0时代，成功的机器设计需要依靠不同工程学科的密切合作。客户期望的良好沟通方式应该是：结构化的、文件记录的、清晰透明的、实时更新的；而在实际沟通中的方式有：邮件、电话、会议、面谈、其他终端通信平台等，这些都根本无法达到良好的沟通效果。机电一体化的设计模式采用的是现代化的并行设计流程，这是缩短开发周期以及减少错误的关键。

13.2　EPLAN Syngineer 的特性

13.2.1　EPLAN Syngineer 的系统架构

使用 Web 浏览器或者直接通过集成的工程系统即可访问 EPLAN Syngineer，因此可以在世界的任何地点使用，如图 13-3 所示。只要能够联网，通过平板电脑和智能手机等移动设备就可以使用所有的功能。

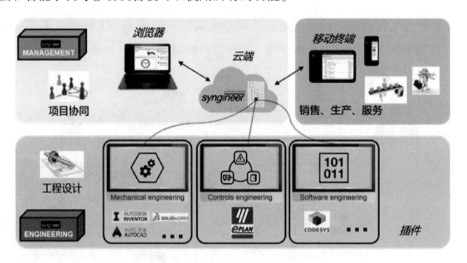

图 13-3　EPLAN Syngineer 的系统架构

EPLAN Syngineer 作为一个开放的系统，可以与 EPLAN 平台以及一系列 MCAD 系统和 PLC 软件开发系统直接集成。用户可以继续使用现有的 PDM/PLM 和 SAP/ERP 系统。

13.2.2 EPLAN Syngineer 的特点

（1）开放的系统——易植入到机电一体化工程

EPLAN Syngineer 让您易植入到机电一体化工程。该系统适用于任何规模的公司，其设计使任何用户都能够立即开始使用。工程系统中的部件和符号通过拖放关联到机电一体化结构中。EPLAN 平台作为 CAE 组件，其系统在设计上就对 MCAD 系统和 PLC 软件开放，并且已经与一系列市场领先的系统直接集成，例如 PDM/PLM 或 SAP/ERP 系统。

（2）完美的同步——一种新的协作方式

为了实现实时通信和信息交换，EPLAN Syngineer 采用最新的云架构。用户可以通过直接集成、浏览器或移动设备从任何地点访问。需求和修改能够立即分派给相关的工程团队，并且任务可以分配给整个团队或者单独分配给个人。每一项进展都即时可见，任何修改的信息都将自动传送，有效地避免了错误的发生。

（3）完全的透明——一种全新的云端沟通方式

每个相关人员都能随时访问产品开发的现状与进展的相关信息，形成一个共享的机电一体化结构，为有效的团队合作提供基础。

（4）自动创建传感器——执行器清单和分配清单

EPLAN Syngineer 使跨学科的团队之间能够顺畅地交换信息，避免了耗时的搜索、效率低下的邮件以及对基本信息的冗长等待。所有相关的工程信息都以结构化的方式从各个视角展示。EPLAN Syngineer 能够自动生成报表和清单，例如用于电气工程的传感器–执行器清单，以及用于 PLC 编程的输入和输出分配清单。

13.2.3 EPLAN Syngineer 的授权形式

（1）管理员授权

云端管理 EPLAN Syngineer 项目，至少要配置一个授权，可包括工程师授权和团队授权。

（2）工程师授权

通过集成的工程系统或 Windows Client 导航器形式访问 EPLAN Syngineer，可包含团队授权。

（3）团队授权

可用于公司内部或者外部的同事，只能通过网页浏览器访问 EPLAN Syngineer。

13.2.4　EPLAN Syngineer 的销售及服务形式

EPLAN Syngineer 目前只有租赁的形式，以 6 个月或 12 个月的期限租赁给EPLAN客户。

13.3　EPLAN Syngineer 的应用收益

1. 减少开发时间

机电一体化的结构直接将设计人员和技术人员关联在一起，实现了并行工作。人员之间能够实时地相互协作，极大地减少了开发时间。

2. 减少错误来源

自动发送修改的信息，有助于避免错误。新的需求和任务可以进行单独分配，所有参与者都能够看到开发过程中任意部分的进展情况。

3. 提高创新能力

共享的结构将工作联系起来，帮助所有相关人员更好地理解机电一体化。工程任务的同步极大地提高了开发部门的效率，更容易并更快地实现创新。

4. 降低开发成本

增强协作、减少错误并缩短开发时间，从而降低工程成本。